全国职业院校建筑职业技能（竞赛）实训教材

建筑装饰技能实训

（附：建筑装饰赛题剖析）

王汉林　主　编
胡本国　副主编

中国建筑工业出版社

图书在版编目（CIP）数据

建筑装饰技能实训（附：建筑装饰赛题剖析）/王汉
林主编. —北京：中国建筑工业出版社，2016.10
全国职业院校建筑职业技能（竞赛）实训教材
ISBN 978-7-112-19758-3

Ⅰ. ①建⋯ Ⅱ. ①王⋯ Ⅲ. ①建筑装饰-工程施
工-高等职业教育-题解 Ⅳ. ①TU767-44

中国版本图书馆 CIP 数据核字（2016）第 210814 号

本书以"紧密联系建筑工程实例，强调操作技术训练，突出解决实践问题能力的培养"为指导思想，从实训要求、前期准备、工艺流程及施工要点、验收标准、质量通病预防、成品保护等方面组织编写内容。本书涵盖了建筑装饰水电类配套工程、地面工程、墙面工程、顶棚工程等常见的装饰装修工程。

本书可作为职业院校建筑装饰技能实训课教材，也可作为建筑装饰竞赛指导或培训教材，还可供建筑行业相关技术人员参考使用。

责任编辑：朱首明　李　明　聂　伟
责任校对：王宇枢　刘梦然

全国职业院校建筑职业技能（竞赛）实训教材
建筑装饰技能实训
（附：建筑装饰赛题剖析）
王汉林　主　编
胡本国　副主编

＊

中国建筑工业出版社出版、发行（北京西郊百万庄）
各地新华书店、建筑书店经销
霸州市顺浩图文科技发展有限公司制版
北京市书林印刷有限公司印刷

＊

开本：787×1092 毫米　1/16　印张：10¾　字数：260 千字
2016 年 11 月第一版　2016 年 11 月第一次印刷
定价：**26.00** 元
ISBN 978-7-112-19758-3
（29305）

前　言

为适应社会发展对建设行业技能型人才的需求，培养学生职业道德、职业技能、就业创业和继续学习能力，结合建设行业多年来的实际工作和教学经验，联合行业专家、教学名师、专业带头人编写了本书。

本书以"紧密联系建筑装饰工程实例，强调操作技术训练，突出解决实践问题能力的培养"为指导思想，从实训要求、前期准备、工艺流程及施工要点、验收标准、质量通病预防、成品保护等方面组织编写内容。全书涵盖了建筑装饰水电类配套工程、地面工程、墙面工程、顶棚工程等常见的装饰装修工程。通过图文并茂的形式，深入浅出地解析每一道工序的施工要点、操作要领，使读者在了解相关规范、专业知识、施工规程的前提下，对施工中应注意的问题、操作技巧进行全方位的掌握与领悟，结合日常教学提高动手操作能力。

本书以施工任务为核心，具体框架如下：

（1）实训要求：简要说明任务内容、要求、目标。

（2）前期准备：简要介绍施工前的图纸及施工文件、材料、现场、机具的准备工作等。

（3）工艺流程及施工要点：以实际施工流程为主线，剖析施工中需要掌握的施工要点、操作要领等。

（4）验收标准：通过介绍主控项目、一般项目、允许偏差项目，使读者了解验收标准，做到有的放矢。

（5）质量通病预防：列举施工中经常出现的质量问题，解析其预防措施，以达到避免发生此类质量问题的目的。

（6）成品保护：将施工中容易忽略的成品保护问题单独列出，通过严格管理、认真执行，切实提高和保障施工质量。

本书既可作为职业院校建筑装饰技能实训课教材，也可作为建筑装饰竞赛指导或培训教材，还可供建筑行业相关技术人员参考使用。

本书由苏州金螳螂建筑装饰股份有限公司王汉林任主编，苏州金螳螂建筑装饰股份有限公司胡本国任副主编。苏州金螳螂建筑装饰股份有限公司昊晓东、周在辉，江苏建筑职业技术学院江向东，宁波第二技师学院白应卿，北京城市建设学校纪婕，大连市建设学校赵明，南京工程高等职业学校周丽娟，天津国土资源和房屋职业学院井云等参加了编写工作。在编撰与出版过程中得到了中国建设教育协会、中国建筑工业出版社领导的支持、帮助和关心，在此表示衷心的感谢！

限于编者水平，书中错误与不当之处在所难免，敬请广大同仁与读者不吝指正，在此谨表谢忱！

目　　录

单元1　水电类配套工程

项目1.1　给水排水施工实训

任务　给水排水安装工程施工

[实训要求]

掌握给水排水施工图的识图方法。

熟悉给水排水施工的基本知识。

1. 前期准备

（1）图纸及施工文件准备

1）对已批准的设计图纸及深化图纸进行研读，检查图纸的完整性、合理性，熟悉产品的性能和要求。对深化图纸进行现场复核，发现问题及时反馈给深化设计人员。

2）了解图纸应包含的内容：材料的品种、规格、颜色和性能。

3）安装施工前编制施工方案，重点阐明施工中需要注意的事项，包括技术要点、质量要求、安全文明施工、成品保护等。

（2）材料准备

安装人员应根据设计图纸及深化图纸、产品质量要求和相关技术规范对进场的材料进行逐一检查。后续实训任务的材料准备均需完成该检查。常用的管件及耗材有：水泥、水管、水管配件、生料带等（图1-1）。

（3）现场准备

安装人员进场后应对现场进行检查。根据现场的施工进度与条件，判断是否满足施工的要求。检查不合格的部位应记入验收记录，并留存影像资料，以书面形式提请相关单位整改。后续实训任务的现场准备均按照此要求准备。

（4）机具准备

1）电（气）动工具

常用电（气）动工具有：切割机、热熔机、电动砂轮机、电锤。

切割机具是用于切割石材及其制品的器具。切割机具的使用应从安全、操作规程等方面进行控制，应注意：①施工前，管理人员应对安装人员使用的机具进行安全验收并做技术交底，施工过程中派专人监管。②安装人员在施工前应对机具配备情况、工作状况等进行检查，如发现异常情况，严禁使用该机具。后续实训任务的切割机具均按此要求控制。

2）手动工具

常用手动工具有：锤、钢直尺、钢卷尺、直角尺、2m靠尺、墨线等。

3）耗材

在水路施工中，有一些材料或配件是在安装过程中需使用和消耗的，这些材料统称为耗材，比如切割机刀片，电动砂轮机砂轮片等。

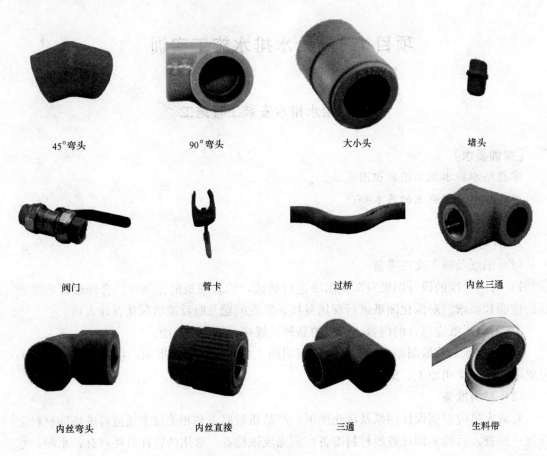

45°弯头	90°弯头	大小头	堵头
阀门	管卡	过桥	内丝三通
内丝弯头	内丝直接	三通	生料带

图 1-1　水管配件及耗材

2. 工艺流程及施工要点

（1）工艺流程

室内给水排水工程施工图主要有平面图和系统图（轴测图）。了解管道在平面图和系统图上的含义是识读管道施工图的基本要求。

水路施工工艺流程如图 1-2 所示。

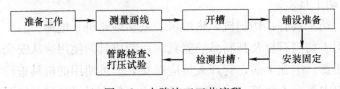

图 1-2　水路施工工艺流程

（2）施工要点

1）准备工作——熟悉给水排水施工图中常用图例符号，见表1-1。

给水排水施工图中常用图例符号　　　　　　　表 1-1

图例	名称	图例	名称
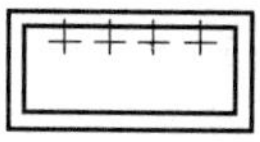	盥洗槽	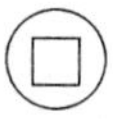	清扫口
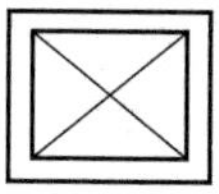	洗涤池	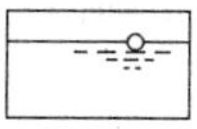	蓄水池
	沐浴间	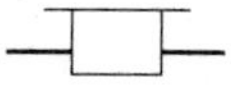	雨水沟
	小便槽		风帽及通气孔
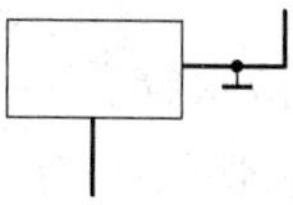	高位水箱		沐浴喷头
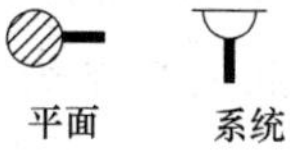 平面　系统	圆形地漏	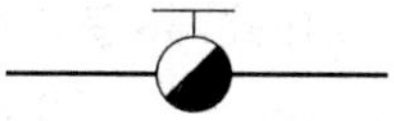	消火栓
 平面　系统	方形地漏	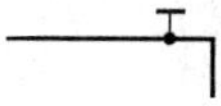	配水龙头（放水龙头）
	水表井	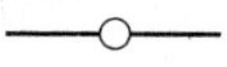	给水立管
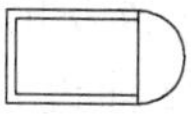	蹲式大便器	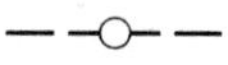	排水立管
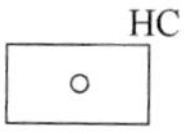 HC	化粪池	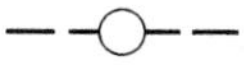	排水检查井
	阀门井	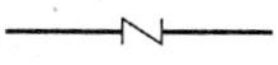	止回阀（单向阀）
	雨水口（单算）		给水阀门井
	水泵		清扫口
			检查口
		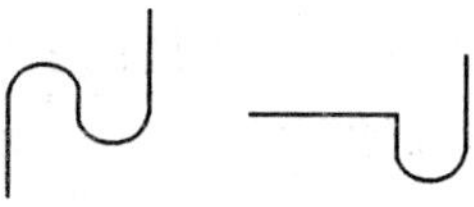	存水弯

续表

图例	名称	图例	名称
●—	球形阀	— — — —	排水管
⁄⁄⁄⁄	首层地面	———————	给水管
═══	楼面	▭———	多孔水管

2）测量画线

水路施工之前，施工人员要根据设计图纸，确定管线走向。

① 水管平行地面铺设于墙内，上为热水管，下为冷水管，冷热水管间距不少于 200mm，冷水管离地高度不少于 400mm。

② 垂直地面铺设于墙内的冷热混合水龙头，左侧为热水管，右侧为冷水管。

③ 淋浴房冷热混合花洒水龙头的水管间距为 150～160mm，洗手盆水龙头给水管离地高 500～550mm，厨柜洗菜盆水龙头给水管离地高 450mm，浴缸上水龙头给水管在浴缸上部 150～200mm 处。

3）开槽

① 使用切割机从上到下、从左到右进行作业，切割时注意平整。

② 冷热水管埋入墙内的深度为：冷水管 10mm，热水管 15mm；冷热水管埋入地面深度 10mm。

③ 切槽须横平竖直，切底盒槽孔时也须方正、平直。一般地面标高满足要求，水管施工可直接铺设，墙面施工通常会开槽，如图 1-3 所示。

图 1-3 开槽

4）铺设准备

管道铺设前需要准确测量水管的长度，并备好管材配件，做好铺设准备，水路管材常用 PPR 管，通常采用热熔连接。

① 检查、切管、清理接头部位及画线的要求和操作方法与普通管材类似，要求管子外径大于管件内径，以保证熔接后形成合适的凸缘。

② 加热：将管材外表面和管件内表面同时无旋转地插入熔接器的模头中（之前已经预热）加热数秒，加热温度为 260°，直径 20mm 的管材的加热时间为 6s，直径 16mm 的管材的加热时间为 5s。

③ 插接：管材管件加热到规定的时间后，迅速从熔接器的模头中拔出并撤出熔接器，快速找正方向，将管件套入管段至画线位置，套入过程中若发现歪斜应及时校正。找正和校正可利用管材上所印刻线和管件两端面上十字形的四条刻线作为参考（图 1-4、图 1-5）。

④ 保压、冷却：冷却过程中，不得移动管材或管件，完全冷却后方可进行下一个接头的连接操作。

图 1-4　焊接

图 1-5　热熔机

5）安装固定（图 1-6）

在房间内两个相互垂直的方向铺干砂，其宽度大于板块宽度，厚度不小于管材，需要用关卡固定，连接好的管道应该横平竖直，固定牢固。

图 1-6　水管铺设

6）检测封槽

检测合格即可封槽，同铺设线管一样，封槽前一定要洒水，封槽后的墙面、地面不得高于所在平面。

7）管路检测、打压试验（图 1-7）

① 试压前应关闭水表后闸阀，避免打压时损伤水表。

② 将试压管道末端封堵，缓慢注水，同时将管道内气体排出。充满水后进行密封检查。

③ 加压宜采用手动泵或电动泵缓慢升压，升压时间不得小于10min。

升至规定试验压力（一般水路为8MPa）后，停止加压，观察接头部位是否有渗水现象。

④ 稳压后，半小时内的压力降不超过0.05MPa为合格。

⑤ 试压结束后，必须做好原始记录，并签字确认。

图1-7　打压试验

3. 验收要求

（1）验收标准

1）水路工程属于隐蔽工程，验收至关重要。水路工程一旦施工验收不当，会直接影响将来长期使用的安全。水路的隐蔽包括：上水管隐蔽、下水管隐蔽、热水管隐蔽和地暖管隐蔽等。

2）隐蔽工程验时，由施工方提供水路图纸，然后对照图纸验收，如果发现图纸和实际不符时，应要求施工方按照实际情况重新绘制，因为图纸是维修的重要依据。

（2）基本项目

1）一般市场上常用的水管是PPR管、铝塑管等。家庭改造水路（给水管）最好用PPR管，因为它采用热熔连接，使用年限可达50年。

2）水路改造一般要分清冷热水管，左热右冷。

3）水路走线开槽应该保证暗埋的管子在墙内、地面内，装修后不应外露。开槽要注意不能破坏结构层。

4）冷热水管出口常规为左热右冷，冷热水出口中间距一般为15cm。冷热水出口必须水平。

5）水路改造完毕要做管道压力试验，试验压力不应该小于 0.8MPa。

6）水路完工后需绘制水路走向图，以免在后续的装修安装中"误伤"水管。

4. 质量通病预防

实际操作过程中，因施工使用材料及制品不合格、施工过程操作或管理失控、外部环境条件的影响等原因造成一些常见的质量问题，称为质量通病，见表 1-2。

常见水路工程质量通病及预防措施　　　　　　　　　　表 1-2

序号	质量通病	通病原因	预防措施
1	给水排水管材选用不合适	某些给水管段设计为镀锌钢管，易出现锈蚀，使用寿命短，生活用水不能满足水质卫生标准等问题。排水立管和横支管产生的噪声会影响居民的生活环境	新型建筑给水排水管材要做到合理选材、灵活运用、扬长避短
2	水表的空转问题	水表空转是指没有水流从水表通过时，水表转动记数的现象。产生这一问题，必然会损坏用户的利益。产生这一问题的原因：一是水表质量不合格，二是在水表安装过程中施工不当	《建筑给水排水及采暖工程施工质量验收规范》GB 50242—2002 规定水表前必须有 30cm 的直管。如果不能严格按照这一要求施工，当有水流经过给水立管时，给水支管管道内会产生共振，引起水表空转。预防和处理这一问题的方法主要就是严格控制水表的质量和按照验收规范的要求施工
3	渗漏问题	由于楼板开设孔洞过多，尤其是卫生间地面，这样既破坏了楼板的整体性，又增加了防水施工的难度，且在使用过程中易发生渗漏	一是要严格控制材料采购。对于各批次的管材、管件的使用情况做好记录，一旦发现问题及时更换。二是加强成品保护。管道安装后，应与其他工种的作业人员加强沟通，在管道和其他管道、设备交叉处注明管道的位置，避免损坏。定期检查，发现损坏后及时维修。三是对施工人员进行相关培训，交代技术要点，将责任落实到人。四是 PPR 管材安装时，应对其伸缩性采取措施进行预防
4	管道安装缺乏有效防护	管道安装中断期间，其他工种作业时，如地面找平、清扫建筑垃圾时，有水泥砂浆等杂物进入管道，遇水后聚积成块停留在管道的弯头、三通等处，堵塞管道，造成管道堵塞	管道安装时做好有效防护，防止管道堵塞
5	地漏安装带来的影响	地漏是国内室内排水系统应用极为广泛的建筑配件之一。但在建设及施工中，一些单位为了降低造价，采购一些低廉的地漏，水封高度满足不了要求	《建筑给水排水设计规范》规定地漏水封深度不得小于 50mm。其目的是防止水封被破坏后，污水管道内的有害气体窜入室内，污染室内环境卫生。在设计施工时，建议采用高水封

5. 成品保护

运输水路管材和水泥砂浆时，应采取措施防止碰撞已完工的墙面、门口等。

项目 1.2 强弱电施工实训

任务 强弱电安装工程施工

[实训要求]

熟悉电路的基本知识。

掌握强弱电施工技术。

1. 前期准备

（1）图纸及施工文件准备

1）对已批准的设计图纸及深化图纸进行研读，检查图纸的完整性、合理性，熟悉产品的性能和要求。对深化图纸进行现场复核，发现问题及时反馈给深化设计人员。

2）了解设计和深化图纸应包含的内容：材料的品种、规格、颜色和性能，在墙上确定管线走向、标高和开关、插座、灯具等设备的位置，并标出，这是电路施工的基础工作。

3）安装施工前编制施工方案，重点阐明施工中需要注意的事项，包括技术要点、质量要求、安全文明施工、成品保护等。

（2）材料准备

详见项目 1.1 给水排水施工实训的材料准备。

（3）现场准备

1）墙身、地面开线槽之前用墨盒弹线，以便定位。管面与墙面应留 15mm 左右粉灰层，防止墙面开裂。

2）未经允许不许随意破坏、更改公共电气设施，如避雷地线、保护接地等。

3）电源线管暗埋时，应与弱电管线保持 500mm 以上距离，电线管与热水管、燃气管之间的平行距离不小于 300mm。

4）墙面线管走向尽可能减少转弯，并且要避开壁镜、家具等的安装位置，防止被电锤、钉子损伤。

5）如无特殊要求，在同一套房内，开关离地 1200～1500mm，距门边 150～200mm 处，插座离地 300mm 左右，插座开关各在同一水平线上，高度差小于 8mm，并列安装时高度差小于 1mm，且不被推拉门、家具等遮挡。

6）各种强弱电插座接口宁多勿缺，床头两侧应设置电源插座及一个电话插座，电脑桌附近，客厅电视柜背景墙上都应设置三个以上的电源插座，及相应的电视、电话、多媒体、宽带等插座。

7）音响、电视、电话、多媒体、宽带网等弱电线路的铺设方法及要求与电源线的铺设方法相同，其插座或线盒与电源插座并列安装，但强弱电线路不允许共用同一套管。

（4）机具准备

1）电（气）动工具：热熔机、电动泵、电动砂轮机、电锤。

2）手动工具：锤、钢直尺、钢卷尺、直角尺、2m 靠尺、墨线等。

3）耗材：电线、护套管、防水剂等，如图 1-8～图 1-10 所示。

图 1-8　室内用电线

2. 工艺流程及施工要点

（1）工序流程

电路施工工艺流程如图 1-11 所示。

（2）施工要点

1）测量画线

电路施工之前，根据设计图纸，在墙上确定管线走向、标高和开关、插座、灯具等设备的位置，并标出，如图 1-12 所示。

2）开槽（图 1-13、图 1-14）

在确定了路线终端插座、开关面板后，沿着电路标识线的位置开槽和打孔。开槽

图 1-9　PVC 线管样品

时配合使用水，达到降噪、除尘、防止墙面防裂的效果。施工要点如下：

① 切槽必须横平竖直，切底盒槽孔时也必须方正、平直。开槽深度一般为 PVC 线管或镀锌钢管直径加 10mm，底盒深度为线管直径加 10mm 以上。

图 1-10　钢管线管样品

9

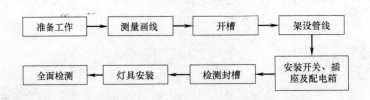

图 1-11　电路施工工艺流程

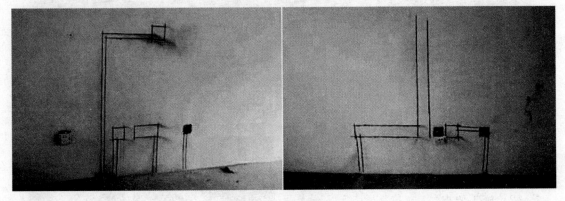

图 1-12　测量画线

② 电路改造时一般禁止横向开槽，严禁将承重墙体的受力钢筋切断，严禁在承重结构如梁、柱上打动穿孔，因为这样容易导致墙体的受力结构受到影响，产生安全隐患。

③ 管线布设在顶棚时，在顶面打孔不宜过深，深度以能固定管卡为宜。

④ 切槽完毕后，必须立即清理槽内垃圾。

图 1-13

图 1-14

3）架设管线（图 1-15、图 1-16）

布管施工采用的线管有两种，一种 PVC 线管，一种是钢管。家庭装修多采用 PVC 线管，在对于消防要求比较高的公共空间中，多采用钢管作为电线套管。相对而言，金属管线具有良好的抗冲击能力，强度高，不易变形，抗高温，耐腐蚀，防火性能极佳，同时屏蔽静电，有效杜绝强电弱电之间的交叉干扰，保证通信信号良好传输。穿线时先将细钢丝穿进去，细钢丝可以自己过弯，然后将电线头绑在细钢丝上，再将电线拉入即可。电线头和细钢丝要用透明胶包好。

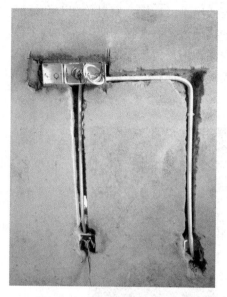

图 1-15

图 1-16

4）安装开关、插座及配电箱

① 配电箱（图 1-17）

配电箱安装应横平竖直，放置箱体后用尺板控制箱体垂直度，使其符合规定。箱体垂直度的允许偏差是：当箱体高度 500mm 以下时，不应大于 1.5mm，当箱体高度为 500mm 以上时，不应大于 3mm，配管入箱应顺直，露出长度小于 5mm。配电箱内接线应整齐美观，安全可靠，管内导线引入盘面时应理顺整齐，并沿箱体的周边成束布置。导线与器具连接，接线位置正确，连接牢固紧密，不伤芯线。压板连接时，压紧无松动；螺栓连接时，在同一端子上导线不超过 2 根，防松垫圈等配件齐全，零线经汇流排（零线端子）连接，无纹接现象。配电箱面板四周边缘紧贴墙面，不能缩进抹灰层，也不能突出抹砂层。配电箱安装完毕后，应清理干净杂物。

图 1-17　强弱电线箱安装

② 开关、插座安装（图 1-18）

开关、插座的安装应位置统一、高度一致，同一室内安装的开关、插座高度差不宜大于 5mm，并列安装的开关、插座高度差不宜大于 0.5mm，面板垂直度不宜大于 0.5mm。暗装开关、插座应有专用盒，严禁开关、插座无盒安装。饰面板（砖）工程，开关、插座盒处应用整砖套割吻盒，不准用非整砖拼凑镶贴。开关、插座安装前应检查盒内管口是否光滑，钢管敷设管口处护口齐全，盒内应清洁无杂物。开关接线时，应仔细辨识导线，导线分色应正确，应严格做到开关控制（即分断或接通）电源相线，使开关断开后灯具不带电。插座接线时，应仔细地辨识盒内分色导线，正确与插座进行连接，面对单相双孔插座右孔接相线，左孔接零线，单相三孔插座，上孔接保护接地线，右孔接相线，左孔接工作零线。固定开关、插座面板的螺丝应凹进面板表面的安装孔内，以增加美观，面板安装孔上的装饰帽应一并装好，面板四周应紧贴建筑物表面无缝隙，面板安装后表面应清洁。开关、插座的合格证应齐全。

图 1-18 开关、插座安装

图 1-19 检测封槽

5）检测封槽（图 1-19）

检测合格即可封槽，封槽前一定要洒水，封槽采用与结构混凝土配比基本一致的水泥砂浆，封槽后的墙面、地面不得高于所在平面。

6）灯具安装

灯具安装应该在装修基本结束之后进行，但因其属于水电工程范畴，在此进行介绍。

① 各型灯具：灯具的型号、规格必须符合设计要求和国家标准的规定。灯内配线严禁外露，灯具配件齐全，无机械损伤、变形、油漆剥落，灯罩破裂，灯箱歪翘等现象。所有灯具应有产品合格证。

② 当在砖石结构中安装电气照明装置时，应采用预埋吊钩、螺栓、螺钉、膨胀螺栓、尼龙塞或塑料塞固定，严禁使用木楔。当设计无规定时，上述固定件的承载能力应与电气照明装置的重量匹配。

③ 在危险性较大及特殊危险场所，当灯具距地面高度小于 2.4m 时，应使用额定电

压为 36V 及以下的照明灯具或采取保护措施。灯具不得直接安装在可燃物件上；当灯具表面高温部位靠近可燃物时，应采取隔热、散热措施。在变电所内，高压、低压配电设备及母线的正上方，不应安装灯具。

④ 灯具安装要注意美观，尤其是成排的筒灯、射灯应该能够完全遮盖开孔位；灯管不外漏，从下往上看应该只见灯光不见灯管，灯具安装完工后，不要立即把灯具保护膜撕掉，避免在后续的施工中污染。

7）全面检测

① 检测开关、插座面板是否平直牢固，紧贴墙面。

② 灯具安装位置正确，所有灯具打开 1～2h，全部正常发光且光度平均。

③ 检测网络等弱电，要求弱电系统全部通畅。

3. 验收标准

电路工程属于装修隐蔽工程。电路的隐蔽包括：线管的隐蔽、电线的隐蔽、线盒的隐蔽、电缆的隐蔽、接地隐蔽、等电位的隐蔽。

隐蔽工程验收时，由施工方提供电路图纸，然后对照图纸验收，如果发现图纸和实际不符，应要求施工方按照实际情况重新绘制，因为图纸是维修的依据。

（1）所用各种材料是否符合设计要求。布线应符合横平竖直，强弱电线管之间的水平间距不小于 500mm。

（2）线管是否固定。

（3）线管连接是否牢固，电线是否有接头，接头是否牢固。

（4）电话线是否存在接头，如有接头必须更换。

（5）电视电缆是否存在接头，如有接头必须更换，或在接头处使用分置器。

（6）暗盒安装是否方正，是否在要求的高度。

（7）是否在敷设线管的部位做出标记。

（8）暗盒位置是否合理，线管走向是否合理，线接头位置是否合理。

（9）检查验收时，施工人员应按照施工工艺对地线进行检查。

4. 质量通病预防（表 1-3）

常见电路质量通病及预防措施　　　　　　　　　　　　表 1-3

序号	质量通病	通病原因	预防措施
1	无法使用专用接头接驳	大量弱电线管插入 PVC 线盒，导致线盒损毁，无法使用专用接头接驳	（1）应考虑线管数量及直径，选用合适的电线盒。（2）如条件许可，电线管也可考虑从不同位置进入电线盒，避免对线盒造成损坏
2	弱电线管无法使用	弱电的原预埋线管作废，未修补	（1）如因工程需要线管作废或更改，应立即提交修改方案，由顾问(设计院)复核及确认安装符合设计要求，并形成记录。（2）对接驳至室外位置的作废线管，修补时应小心，避免室外雨水经管导流入室内
3	强弱电连接错误	弱电线及强电线穿入同一线盒内	布线设计应符合国家标准，电力系统与信号传输系统应分开敷设

序号	质量通病	通病原因	预防措施
4	未使用标准配件	弱电线槽安装不到位，未使用标准配件	金属线槽布线的线路连接、转角、分支及终端处应采用专用的配件

项目 1.3　地暖施工实训

任务　地暖安装工程施工

[实训要求]

熟悉水地暖的构造知识。

掌握水地暖安装机具的操作使用。

掌握水地暖安装的步骤与技巧。

地板辐射供暖系统是辐射供暖的一种形式，通常简称为地暖。其工作原理为提升地面的温度形成热辐射面，通过辐射面以辐射和对流的传热方式向室内供暖。

从热媒介质上，地暖可以分为热水地面辐射供暖系统（以下简称"水地暖"）和加热电缆地面辐射供暖系统两大类，以水地暖最为常见。根据水地暖的施工方式不同，可以分为混凝土填充式水地暖、预制沟槽保温板水地暖、预制轻薄供暖水地暖三种。

本任务以混凝土填充式水地暖为例，介绍地暖安装工程施工。

1. 前期准备

（1）图纸及施工文件准备

1）仔细听取项目施工技术负责人（或设计师）所做的图纸及技术交底，对已批准的设计图纸及深化图纸进行研读，检查设计图纸及深化图纸的完整性、合理性，确定地暖安装顺序、编号，熟悉产品的性能和要求。对深化图纸进行现场复核，发现问题及时反馈给深化设计人员。

2）了解设计和深化图纸应包含的内容：地暖铺设的位置、间距、安装顺序、安装方法及节点等，地面各层的施工顺序、厚度，施工的技术要求、质量要求等，伸缩缝、界面等的处理方式，地面防潮层、防水层的处理方式，选用材料的品种、规格、颜色和性能，加热管、分（集）水器固定方式等。

3）安装施工前熟悉施工方案并已接受施工交底，熟知施工中需要注意的事项，包括技术要点、质量要求、安全文明施工、成品保护等。

（2）材料准备

1）阀门应有出厂合格证，并检查其规格型号、适用温度、压力等是否符合设计要求。开关灵活严密，丝扣完整。安装前应做强度和严密性试验，试验数量至少为每批数量的10%。对于安装在主干管上起切断作用的闭路阀门，应逐个做强度和严密性试验。

2）配件、设备等的产品合格证、检验报告等符合进场要求，其规格、型号、性能符合设计要求。

3）加热管应标明生产厂家名称、规格和主要技术参数。产品合格证、检验报告等符合进场要求。加热管的选用符合系统年限、热媒温度、工作压力等的要求并符合《辐射供暖供冷技术规程》JGJ 142—2012 的规定。加热管壁厚应符合《辐射供暖供冷技术规程》JGJ 142—2012 附录 C 的规定。

4）检查绝热层材料的导热系数、密度、规格、厚度及热阻值等技术参数是否符合相关规定。绝热层材料不得有异味或可能危害健康的挥发物。绝热层材料为难燃或不燃材料，并具有足够的承载能力。

5）水泥宜选用硅酸盐水泥或矿渣硅酸盐水泥，进场报验应合格，水泥的强度等级、安定性、凝结时间等复验应合格。选用的水泥强度等级不得低于 32.5 级。

（3）现场准备

1）水平基准线，如 0.5m 线或 1.0m 线等，经过仪器检测，误差应在允许范围以内。复核结构与建筑标高差满足各构造层总厚度及找坡要求。

2）地面平整、干燥，无杂物、无积灰。铺设绝热层的地面平整度允许偏差≤5mm。如为与土壤相邻或潮湿区域（卫生间、厨房、泳池）的楼板等应做相应的防潮或防水处理。

3）地面伸缩缝已处理，并符合后续施工要求。

4）门、窗安装完成或现场为可封闭状态，施工过程中无交叉作业。

5）相关水、电、设备及其管线已敷设完毕，隐蔽验收已完成。

6）施工现场具备临时用电条件。

（4）机具准备

1）电（气）动工具：冲击钻、电动螺丝刀、电动切割机、打压泵等。

2）手动工具：钳、锤、錾子、钢直尺、钢卷尺、2m 靠尺、墨斗（线）、扳手、管钳、螺丝刀、弯管器、剪刀等。

3）耗材：铅笔、记号笔、料桶、透明胶带、U 形卡、膨胀螺栓、美工刀、聚氨酯泡沫填缝剂等。

2. 工艺流程及施工要点

（1）工艺流程

混凝土填充式水地暖施工工艺流程如图 1-20 所示。

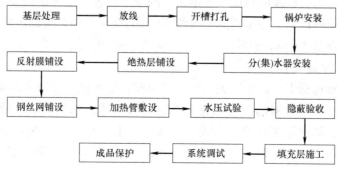

图 1-20　混凝土填充式水地暖施工工艺流程

（2）施工要点

1）基层处理

地暖基层应平整，使用 2m 靠尺检查，误差不得大于 5mm。如局部有不平整，可采用錾子錾平或聚合物水泥砂浆补平的方式修整。如为大面积平整度较差的情况，需要整体做找平层。地面应洁净、干燥、无杂物，边角交接面根部应平直且无积灰现象。

2）放线

根据 0.5m 线或 1.0m 线结合图纸，在墙面弹出地面装饰完成面线，确定各构造层总厚度。根据图纸及现场情况，确定锅炉安装位置、分（集）水器安装位置、安装孔位置、管路走向，并进行弹线定位。根据图纸将固定在地面的家具、设备等位置做好标记，敷设地暖管时可不敷设该区域。

3）开槽打孔

根据图纸和现场情况，结合已确定的管线、安装孔及烟管位置等进行开槽打孔。施工前要检查墙两侧无管道、电线等障碍物或危险源。打孔时遵循内高外低的原则，坡度不小于 1%。分（集）水器从墙后面出管穿墙安装开洞时应预埋钢套管，管径较加热管大 1号，打孔时孔位要高出原始地面 150mm，防止分（集）水器区域的水流到其他区域（图1-21）。

图 1-21　墙面开孔

4）锅炉安装

根据图纸、现场及放线的情况，选定锅炉的安装位置。复核锅炉安装的空间是否能够满足安装要求，须保证锅炉左右两侧各预留 5mm 的维修空间，顶面距离吊顶至少 200mm的空间，正前方预留 450mm 的拆卸空间。锅炉安装必须牢固（图 1-22）。

5）分（集）水器安装

分（集）水器包括干管、主管关断阀或调节阀、泄水阀、支路关断阀或调节阀和连接配件等。安装分（集）水器前应按照施工图核对分（集）水器位置。分水器的固定有支架、托钩、嵌墙、箱罩等多种安装方式。分（集）水器水平安装时，宜将分水器安装在上，集水器安装在下，中心距离不宜小于 200mm，集水器中心距地面不应小于 300mm（图 1-23）。

图 1-22 锅炉安装

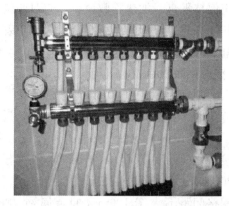

图 1-23 分水器安装

6）绝热层铺设

绝热层可以选用聚苯乙烯泡沫塑料板材、模塑聚苯乙烯泡沫塑料板、预制沟槽保温板、发泡水泥等。当采用塑料板材时，铺设要平整、严密、满铺、错缝搭接，接头处用塑料胶带粘接平顺。如为直接与土壤接触或有潮湿气体侵入的地面，在铺放绝热层前要先铺设一层防潮层。侧面绝热层应从辐射面绝热层的上边缘到填充层的上边缘。侧面绝热层应固定牢固，与辐射面绝热层应连接严密（图 1-24）。

7）反射膜铺设

反射膜的设置应根据设计确定，可与绝热层在工厂复合加工，也可以在现场铺设。反射膜之间应至少搭接 10mm，并用透明胶带贴牢，防止反射膜在施工过程中移位。反射膜的铺设应平整，无折皱。除将加热管固定在绝热层上的塑料卡钉穿越外，反射膜不得有其他破损（图 1-25）。

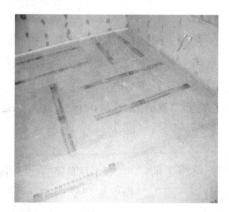

图 1-24 绝热层铺设

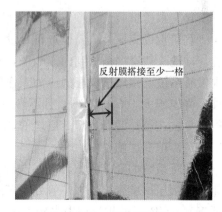

反射膜搭接至少一格

图 1-25 反射膜铺设

8）钢丝网铺设

铺设钢丝网时，应用卡件固定牢固，防止钢丝网翘起。钢丝网之间须搭接 100mm，应选用镀锌低碳钢丝网（图 1-26）。

9）加热管敷设

加热管应按图纸标定的管间距和走向敷设，管间距安装误差不应大于 10mm，加热管

17

应保持平直。加热管敷设前，应对照施工图纸核定加热管的型号、管径、壁厚等，并检查其外观质量，管内不得有杂质。加热管安装间断或完毕时，敞口处应随时封堵。加热管切割应使用专用工具，保证切口平整，断口面应垂直于管轴线。加热管弯曲的半径应符合《辐射供暖供冷技术规程》JGJ 142—2012 的规定，弯头处两端宜设固定卡，直管段固定点间距宜为 500～700mm，弯曲管段固定点间距宜为 200～300mm，管道安装时应防止管道扭曲、憋管等。在分（集）水器附近及其他加热管敷设比较密集的局部区域，当间距小于 100mm 时，应在加热管外部设置柔性套管。加热管高出地面至分（集）水器下部阀门接口之间的明装管段，外部应加装塑料套管或波纹管套管，套管应高出面层 150～200mm。铺设石材或瓷砖等装饰面层时，在柔性套管上部宜铺设一层直径不小于 1.0mm，网格间距不大于 100mm 的金属网。采用混凝土填充式水地暖时，加热管距墙面宜为100mm，且填充层内不得有接头（图 1-27）。

图 1-26　钢丝网铺设

图 1-27　加热管敷设

10）水压试验

管道敷设完成后，经检查符合设计要求后进行水压试验。水压试验前应对系统进行冲洗，冲洗一般遵循由外到内的顺序，先冲洗分（集）水器以外主供、回水管道，再冲洗室内供暖系统。水压试验压力应为工作压力的 1.5 倍，且不小于 0.6MPa。在此压力下稳定1h，降压不大于 0.05MPa，且不渗不漏时为合格。混凝土填充式水地暖的试压分两次进行，一次在填充混凝土填充层之前，一次在填充层养护期满以后（图 1-28）。

11）填充层施工

地暖系统的隐蔽验收合格后进行填充层施工。填充层施工前，再次确定加热管已安装完毕且水压试验合格，加热管处于有压状态时再进行施工，施工过程中加热管内水压不应低于 0.6MPa，养护过程中水压不应低于 0.4MPa。混凝土施工、养护过程中室内温度不应低于 5℃。地暖面积超过 30m² 或长边超过 6m 时，填充层应设置伸缩缝。伸缩缝间距不超过 6m，宽度不应小于 8mm，采用柔性填缝材料进行填缝。填充层施工时应穿软底鞋，严禁使用机械振捣设备。操作过程中，应采取必要的保护措施，不得踩踏已安装好的加热管。供暖前，混凝土填充层养护时间不应小于 21d，养护期间及期满后，应对地面采取保护措施，不得在地面加以重载、高温烘烤、直接放置高温物体和高温设备（图 1-29）。

图 1-28 水压试验

图 1-29 填充层施工

12）系统调试

混凝土浇筑完成后 21d 进行试热。初始供水温度为 20～25℃，保持 3d，而后以最高设计温度保持 4d。同时应完成系统（平衡）调试。

3. 验收标准

（1）主控项目

加热管、分（集）水器、阀门、绝热材料、计量设备等的产品质量及施工质量应符合相关规定。

填充层、绝热层、防潮层、伸缩缝的施工质量应符合相关规范规定。

试压前应进行管路冲洗。水压试验结果符合相关规范规定。

加热管在同一回路内不得有接头，弯曲部分不得有硬折弯现象。

（2）一般项目

填充层施工完成后不得有空鼓、起砂、开裂等质量问题，表面平整、抗压强度符合设计要求。

绝热层铺设应平整、严密，接头处平顺、无翘曲。反射层平整、无折皱，表面无破损现象。

加热管弯头两端设置固定卡，加热管固定点的间距、加热管与墙面距离符合相关规范规定。

4. 质量通病预防（表 1-4）

常见地暖质量通病及预防措施　　　　　　　　　　　　表 1-4

序号	质量通病	通病图片	预防措施
1	加热管外未套柔性套管		分（集）水器附近及其他局部加热管排列较密集的部位，当管距小于 100mm 时，加热管外部应设置柔性套管

序号	质量通病	通病图片	预防措施
2	反射膜铺设不规范		(1) 反射膜铺设应平整、无折皱。 (2) 铺设中采取必要的固定措施。 (3) 后续施工时不得移动反射膜
3	绝热层安装不符合规范		(1) 绝热层铺设应平整、严密。 (2) 板材搭接处可用透明胶带固定牢固。 (3) 侧面绝热层铺设应从辐射面绝热层的上边缘到填充层的上边缘

5. 成品保护

(1) 搬运管材和管件时，应小心轻放，严禁剧烈撞击或与尖锐物品碰触，不得抛、摔、滚、拖管材。

(2) 施工过程中，应防止油漆或其他化学溶剂接触污染加热管的表面。

(3) 加热管安装间断或完毕时，敞口处应随时封堵。

(4) 地暖安装施工不宜与其他施工作业交叉进行。混凝土填充层的浇捣和养护过程中，严禁踩踏。

(5) 施工中，应对地面采取保护措施，养护过程中严禁在地面上运行重载、高温烘烤、直接放置高温物体和高温加热设备。

(6) 施工人员应穿软底鞋，采用平头铁锹。施工过程中，严禁人员踩踏加热管。

(7) 地暖施工完成后，进行其他分项施工或不能马上进行下一道工序施工而要用做施工通道、仓库时，应对地暖系统采取必要的保护措施，并设置明显标志，不得损坏分（集）水器及管道，不得对填充层进行剔凿、打孔作业。严禁在地面放置过重或高温的物体，如图 1-30 所示。

图 1-30　成品保护

单元 2 地面工程

项目 2.1 砖面层施工实训

任务 2.1.1 普通砖铺贴

[实训要求]

熟悉铺贴地砖的基本构造知识。

掌握瓷砖铺贴机具的操作使用。

掌握普通砖铺贴的步骤与技巧。

1. 前期准备

（1）图纸及施工文件准备

1）统一测定轴线控制线和建筑标高 0.5m 或 1m 线，并标识清楚、统一管理，以此控制地砖的标高。重点检查房间的几何尺寸，提前做好室内控制线的放线工作，复核现场各处尺寸，发现问题及时反馈给深化设计人员。

2）对已批准的设计图纸及深化图纸进行研读，检查设计及深化图纸的完整性、合理性，有艺术图形要求的地面，在施工前应绘制施工大样图，明确生产加工要求、安装顺序以及收口方式等节点做法，对一些特殊要求的施工部位、细部节点应进一步做好施工节点大样图，进行深化设计。

3）理解设计及深化图纸，熟悉材料的品种、规格、颜色、性能和要求。在深化设计审批后，复核深化图纸与现场，由技术人员根据深化设计编制加工订货计划，落实工程使用的各种材料，以满足现场施工需要。

4）地砖铺贴施工前应编制施工方案，安装人员应熟知施工中需要注意的事项，包括技术要点、质量要求、安全文明施工、成品保护等，报监理审批，监理工程师审批通过后，合理安排施工工序，明确成品保护措施，严格按照施工方案施工。

（2）材料准备

1）瓷砖：均有出厂合格证等书面质量资料，其外观质量、性能等符合设计要求。

2）水泥：进场时应对水泥品种、强度等级、包装或散装仓号、出厂日期等进行检查。硅酸盐水泥、普通硅酸盐水泥、矿渣硅酸盐水泥、白水泥（擦缝用），其强度等级不宜小于 42.5 级。材料需符合《水泥胶砂强度检验方法（ISO 法）》GB/T 17671—1999 规定的验收标准。应按照规范要求对水泥的强度、凝结时间、安定性进行现场取样复查，合格后方能使用。如对水泥质量有怀疑或者出厂日期超过 3 个月的情况，应进行复验，按复验结果使用。不同品种、批号的水泥不得混合搅拌使用。水泥进场后，应做好防潮和防雨措施。水泥砂浆配合比需监理确认。

3）砂子：中、粗砂，嵌缝水泥砂浆宜用中砂，找平层水泥砂浆宜用中、粗砂，其含泥量不应大于 3％。

4）瓷砖粘结剂：分普通型、聚合物、重砖型，符合《陶瓷墙地砖粘结剂》JC/T 547—2005 的规定。

5）瓷砖填缝剂：根据材质分类，分为有砂和无砂型，有砂型适用 5mm 以上缝隙。材料符合《陶瓷墙地砖用填缝剂》JC/T 1004—2006 的规定。

6）所有进场材料的报验、复检资料合格齐全方可使用。

（3）现场准备

1）室内外温度保持在 5～35℃，相对湿度在 50％～80％可以满足本工艺施工条件。

2）基层强度、质量符合要求。

3）墙柱面抹灰施工完毕，门、窗框已安装完成。

4）地面垫层以及预埋在地下的各种沟槽、管线、埋件安装完毕，经检验合格并做隐蔽记录，如有防水层，已完成蓄水试验，管道根部做好防水处理并经检验合格。

5）穿过楼地面的竖管已安装完毕，各种孔洞缝隙应事先用细石混凝土灌填密实（细小缝隙可用水泥砂浆灌填），并经检查无渗漏现象。

6）有地漏的房间应做好泛水。

7）楼地面表面平整度用 2m 靠尺检查，偏差不得大于 5mm，标高偏差不得大于±8mm。

8）已弹好水平标高控制线，各开间十字线控制及花样品种分隔线，并校核无误。

（4）机具准备

1）电（气）动工具：砂浆拌合机、手提切割机、小型砂轮、手电钻、砂轮锯等。

2）手动工具：铁锹、靠尺、浆壶、水桶、喷壶、抹子、墨斗、钢卷尺、尼龙线、橡皮锤（或木锤）、刮杠、水平尺、弯角方尺、钢錾子、滚筒、瓷砖吸提器、台钻、合金钢钻头、笤帚、钢丝刷、拨缝开刀、棉纱、茅草刷、鸡腿刷、喷灯、硬木柏板、毛刷等。

3）耗材：十字分缝卡等。

2. 工艺流程及施工要点

（1）工艺流程

普通砖的铺贴方法分为湿铺法和干铺法。湿铺法的优点是粘合紧密结实，缺点是大块的地砖容易空鼓、走位，不容易找平，污染较大。干铺法粘结强度和防水方面不如湿铺法，因而对技术要求较高，砂浆厚度大，导致造价较高，但干铺后的地砖规整，不易产生变形、空鼓且线棱平直，效果好。目前，卫生间、厨房等面积较小且对防水要求较高的空间多采用湿铺法，而大面积房间普遍使用大规格的地面砖，多采用干铺法铺设。本书以干铺陶瓷地砖（图 2-1）为例，介绍普通砖地面铺贴的施工。

普通砖地面铺贴工艺流程如图 2-2 所示。

（2）施工要点

1）基层处理

地面上的坑、洞、埋设管道的沟槽应提前抹平，高出 5mm 的部分应剔凿，凹处应用砂浆补平。光滑混凝土地面应凿毛或用界面剂、素水泥浆拉毛，以保证结合层粘接牢固。如有松散颗粒、泥土、浮浆、灰尘及其他垃圾附着物，必须凿除或用钢丝刷清理干净。基层表面的油污应用 10% 火碱水刷净，并用清水及时将碱液冲净。提前一天洒水充分润湿。

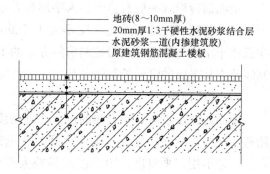

图 2-1 普通地砖铺贴构造

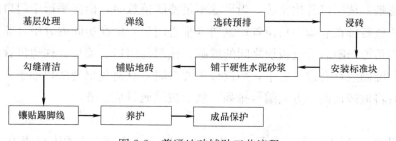

图 2-2 普通地砖铺贴工艺流程

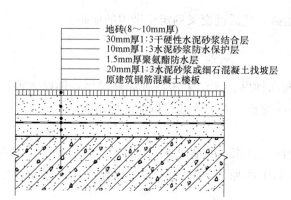

图 2-3 有防水层的地砖铺贴构造

墙、地面需要做防水的，阴阳角处理成圆弧或钝角，JS 防水涂料分两次涂刷，涂膜厚度及防水高度须符合设计要求。为避免施工或维修破坏防水层，采用 1∶2 或 1∶3 水泥砂浆作为 10mm 左右的防水保护层（图 2-3）。防水层纵横涂刷，聚氨酯防水层表面宜撒粘适量细砂，以增加结合层与防水层的粘结力，湿区防水层在墙柱交接处翻起高度不小于 1800mm，干区不小于 300mm，防水层施工完成后经超过 24h 蓄水试验合格后方可进行后续施工。

有排水要求的地砖铺贴坡度应满足排水要求，地面基层需用水泥砂浆或细石混凝土进行找平，并做找坡处理，坡度为 0.5%～2%（一般住宅卫生间宜为 1%）或符合设计要求，与地漏结合处应严密牢固。

2）弹线

根据墙面水平线，在地面四周拉线确定并弹出地砖面层的标高控制线，校核准确。厨房、厕所的地坪不应高于室内走道或厅地坪，最好比室内地坪低 10～20mm。对有排水坡度要求的，如卫浴间、阳台等空间，则应按照设计或排水方向找出相应的坡度，有地漏的地砖铺贴的泛水方向应指向地漏，拉线控制坡向。

地面铺砖形式一般有直行、人字形和对角线等铺法，根据设计要求、工艺情况、排砖大样图及缝宽（接缝间隙宽度应不大于 2mm）在地面上弹纵、横控制线，并引至墙上。注意该十字线与墙面抹灰时控制房间方正的十字线是否对应平行，同时注意开间方向的控制线是否与走廊的纵向控制线平行，不平行时应调整至平行。

3）选砖预排

地面砖在浸水前，检查砖的色差、直角度、翘曲度。凡有斑点、夹层、起泡、熔洞、磕碰、坯粉、麻面、疵火、裂纹、开裂、色差、剥边、落脏、桔釉、缺釉、波纹、棕眼者，一律不用。平整度、边直度的偏差大于 ±0.5mm，直角度的偏差大于 ±0.6mm 者，一律剔出，不得使用。

根据纵横控制线进行地砖预排，原则上入口处为整砖，非整砖置于阴角处或家具下面。具体方法是：从门口开始排砖，当尺寸不足整砖倍数时，横向平行于门口的第一排应为整砖，将非整砖排在靠墙阴角位置；纵向（垂直门口）应在房间内分中，非整砖对称排放在两墙边阴角处。随后检查板块之间的缝隙，核对与门口、墙边、柱边位置地砖的套割情况。地砖的铺砌应符合设计要求，当设计无要求时，宜避免出现砖块小于 1/4 边长的边角料。预排后将地砖按两个方向编号排列，然后按编码排放整齐。

4）浸砖

地面砖提前 2h 以上浸水，直至不泛泡时取出晾干，表面无水膜方可使用。

5）安装标准块

① 按十字线先铺纵横交叉列定位带地砖，然后铺交叉列定位带内的地砖。

② 从门口开始，向两边铺贴。

③ 按纵向控制线从里向外退步铺贴。

④ 也可站在已铺好的垫板上，顺序向前铺贴。无论采用何种铺贴顺序，铺贴大面区域时，需要先铺贴标准块，应安放在十字线交点，对角安装，以保证铺贴质量。

6）铺干硬性水泥砂浆

摊铺干硬性水泥砂浆之前，在保证地面没有积水的情况下，在基层均匀薄刷一道水灰比为 1∶0.4～1∶0.5 的素水泥浆，可在其中掺加 10% 的 108 胶，以保证上下层粘结牢固，再铺干硬性水泥砂浆结合层。

干硬性水泥砂浆结合层同时也是找平层。宜采用水泥、砂体积配比为 1∶3 的干硬性水泥砂浆，砂浆稠度控制标准以手捏成团，落地开花为宜（图 2-4）。一般而言，摊铺干硬性水泥砂浆长度应在 1m 以上，宽度应超过地砖宽度 20～30mm。虚铺砂浆厚度宜比实铺厚度高 2～3mm，一般砂浆厚度为 15～20mm（图 2-5），铺好后用木刮尺刮平（图2-6），再用抹子拍实抹平。一次摊铺面积不宜过大，应随拌随用，在初凝前用完，防止影响粘结质量。

冬期施工，室内操作温度不得低于 5℃。所用砂浆均应在室内搅拌，拌制前应检查原料中是否夹杂冰雪等杂物。

7）铺贴地砖

为保证铺贴质量，地砖需先试铺，再正式铺贴，然后压实、拨缝。

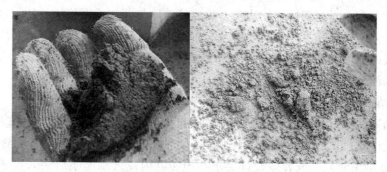

图 2-4 干硬性水泥砂浆稠度控制

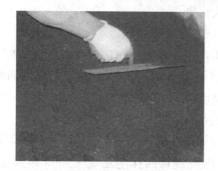

图 2-5 摊铺干硬性水泥砂浆

图 2-6 木刮尺刮平砂浆

试铺：搬起板块对好纵横控制线平稳铺落在已铺好的干硬性水泥砂浆上，用橡皮锤敲击地砖，振实干硬性水泥砂浆至铺设高度后。

正式铺贴：揭开地砖，用水灰比为 1：0.4～1：0.5 的素水泥浆或 1：2 水泥砂浆，均匀地抹在砖的背面，砂浆须饱满，厚度控制在 5～7mm（图 2-7）。然后将砖平放到揭起时的位置，用橡皮锤敲击地砖至标准砖的高度（图 2-8），清理砖上的泥浆，用靠尺和水平尺检查确认后进行下一块的铺贴。若高度太低或位置不准，应揭开后重贴。

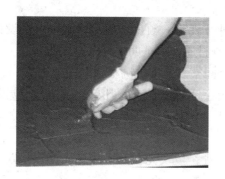

图 2-7 地砖背面抹水泥砂浆

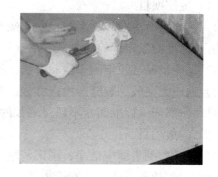

图 2-8 橡皮锤包布敲平

压实：每铺完两三行或一个区段，用喷壶略洒水，用木锤垫硬木拍板按铺砖顺序拍打一遍，不得漏拍，边压实边用水平尺找平。

拨缝：压实后，拉通线及时检查缝隙是否均匀，用小靠尺比着开刀轻轻地拨顺调直，使缝口平直、贯通，先调竖缝，后调横缝。调缝后，再用木锤敲垫板拍平拍实，要求拍至水泥浆添满缝隙为止。修理好四周边角，将地砖地面与其他地面接槎处的收口修整好，保持接槎平直。同时检查有无掉角现象，及时将缺角的地砖补齐，破损地面砖应更换。随即将灰缝余浆或砖面上的灰浆擦去。从铺干硬性水泥砂浆、铺砖到压平、拨缝，应连续作业，并须在水泥终凝前完成。

8）勾缝清洁

地面砖铺完24h后，进行勾缝处理。将缝口清理干净，刷水湿润，勾缝用1∶1素水泥浆或填缝剂嵌缝。如为彩色面砖，则用白水泥、调色水泥或勾缝剂嵌缝，缝宽超过5mm采用有砂型填缝剂，或者按设计要求在地砖缝内注入水泥浆后嵌入铜条。勾缝要做到密实、平整、光滑，水泥浆凝结前，彻底清理砖面灰浆，并用棉纱将地面擦拭干净。如果尚未铺贴墙砖，严禁清扫灌缝，以免造成二次污染。

9）镶贴踢脚线

铺踢脚线的墙、柱面湿水、刷素水泥浆一道，按需要数量将阴阳角处的踢脚板一端面用无齿锯切成45°斜角，并将踢脚板用水刷净，阴干备用。镶贴时由阳角开始向两侧试贴，先在墙面两端各镶贴一块踢脚板，其上沿高度在同一水平线上，出墙厚度要一致。然后沿两块踢脚板上沿拉通线，然后逐块顺序镶贴。

常用的踢脚线镶贴方法是粘贴法。根据墙面标筋和标准水平线，用1∶2水泥砂浆抹底并刮平划毛，待底层砂浆干硬后，将选定的踢脚板背面抹一层2～3mm厚素水泥浆，按线铺贴，接缝1mm。用木锤垫木板轻轻敲击，使板块粘结牢固，拉通线校正平直度合格后，擦除板面上的余浆。次日，用与地面同色的水泥浆擦缝。

10）养护

地面砖完成后表面需覆盖，纸制品、木板类在遇水时可能会渗色、污染地砖，不得用于保护地面。勾缝24h后，洒水养护7d以上，抗压强度达到5MPa后，方可上人行走。抗压强度达到设计要求后，方可正常使用。

3. 验收标准

（1）主控项目

1）砖面层所用地砖、水泥、砂、颜料的品种、规格、颜色、质量，必须符合设计要求和有关标准的规定。检验方法：观察检查和检查材质合格证明文件及检测报告。

2）地砖铺贴必须牢固。检验方法：检查样板间粘结强度检测报告和施工记录。

3）地砖无空鼓、裂缝。检查方法：观察，用小锤轻击检查，凡单块砖边角有局部空鼓，且每自然间（标准间）不超过总数的5%可不计。

（2）一般项目

1）砖面层的表面应洁净、图案清晰、色泽一致。板块无裂纹、掉角、脱层、缺粒和缺棱等缺陷。检验方法：观察检查。

2）地砖平整，相邻砖高差不得超过1mm，整体水平误差不超过3mm。检验方法：观察和用2m水平尺检查。

3）地砖缝宽1mm，不得超过2mm。接缝平整均匀，深浅一致，周边顺直。检验方法：观察和用钢尺检查。

4）与各种面层邻接处的镶边用料及尺寸，符合设计要求和施工规范的规定；边角整齐、光滑。检验方法：观察和用钢尺检查。

5）踢脚线表面洁净，接缝平整均匀，高度一致，结合牢固，出墙厚度适宜，上口平直，基本一致。检验方法：观察和用小锤轻击及钢尺检查。

6）厨房、厕所的地坪不应高于室内走道或厅地坪，最好比室内地坪低 10～20mm。检验方法：观察和用水平尺检查。

7）楼梯踏步和台阶板块的缝隙宽度应一致、齿角整齐，楼层梯段相邻踏步高度差不应大于 10mm，防滑条顺直。检验方法：观察和用钢尺检查。

8）有排水要求的地砖铺贴坡度应满足排水要求。地漏和面层坡度符合设计要求，不倒泛水，无积水，与地漏、管道结合处严密牢固，无渗漏。检验方法：观察、泼水或坡度尺及蓄水检查。

（3）允许偏差项目（表 2-1）

普通地砖铺贴允许偏差和检验方法　　　　　　　　　　表 2-1

项目	允许偏差(mm)	检验方法
表面平整度	2	2m 靠尺和塞尺
接缝直线度	3	拉 5m 线(不足 5m 拉通线)，钢直尺检查
接缝宽度	2	钢直尺
接缝高低差	0.5	钢直尺和塞尺
踢脚线上口平直	3	拉 5m 线(不足 5m 拉通线)，钢直尺检查

4. 质量通病预防（表 2-2）

常见普通地砖铺贴质量通病及预防措施　　　　　　　　　　表 2-2

序号	质量通病	通病图片	预防措施
1	地砖空鼓、起拱		(1)基层应彻底处理干净，并用水冲洗干净，然后晾至没有积水为止。 (2)基层涂刷素水泥浆要均匀，不能采用撒干水泥面后再洒水扫浆的做法。 (3)粘结层干硬性水泥砂浆要干燥，以落地散开为准。 (4)普通砖铺贴前彻底除净背面污染物，且要充分浸水湿润。 (5)砖与砖之间留 2mm 伸缩缝。每 10m×10m 范围内应留 8～10mm 伸缩缝，用柔性填缝剂填缝；墙、柱四周应留 10mm 以上伸缩缝，踢脚线需遮盖。 (6)养护期内应洒水，以补充水泥砂浆在硬化过程中所需的水分，保证地砖与砂浆粘结牢固。 (7)冬期施工要保证室内温度和湿度达到施工要求

序号	质量通病	通病图片	预防措施
2	地砖平整度偏差大		(1)在施工中应严格选材,剔除翘曲严重的不合格品,厚薄不匀的,可在板背抹砂浆找平,对局部偏差较大的,可用云石机打磨平整,再进行抛光处理。 (2)普通瓷砖不宜密缝粘贴,要预留伸缩缝。 (3)完工后地砖覆面,禁止在面层上行走或重压
3	地砖表面有刮痕或破损		(1)贴砖前仔细检查,剔除表面有裂缝、掉角、崩边等缺陷的地砖。 (2)不要用力敲击砖面,防止产生隐伤
4	缝格不均匀顺直		(1)分格控制线要准确,仔细核对。 (2)铺砖后及时拨缝调直。 (3)铺贴时在砖与砖之间可以使用十字分缝卡。 (4)铺砖 24h 后再勾缝,勾缝材料填充要均匀密实,并随时清洁砖表面
5	卫浴间、阳台等地漏排水不顺畅,地面积水		(1)对施工人员要进行全面细致的技术交底工作,要求控制好地砖铺贴时泛坡处理。 (2)施工完后要做排水试验,排水不顺畅的要及时更换重贴
6	踢脚与地面阴角的交界处不在一条线上		(1)在铺砖前做好排版设计工作,使地砖与墙面踢脚对缝。 (2)做好预排,发现问题及时调整

5. 成品保护

(1) 常温下一个区段的整个操作过程宜在 4h 内连续完成,刚铺完的地砖面层应避免太阳曝晒,室内宜适当通风,在已完地砖面层上应先满铺一层无纺布、麻袋布、棉纱等软质材料,再覆盖塑料瓦楞板或废弃的模板、木工板、石膏板等硬质材料。

(2) 贴砖 24h 后,每天用喷壶喷少许水养护,7d 内不得重压、上人、行车和受振动。施工完成后,应尽量避免人员出入,待找平层、粘结层养护达到一定强度后,方可在其上进行其他作业。必须推车运料或堆放物品的主要通道部位，应在地砖面层上铺较平整的木垫板，板块之间应做牢固连接，防止板材随意滑动（图2-9）。

（3）手推车运料使用窄车，小车腿应用胶布或布包裹，应注意保护门框、管道和已完面层。

（4）剔裁地砖应使用垫板，严禁在已铺完的地砖面层上剔裁。

（5）严禁将油漆、砂浆存放在板块上，铁管等硬器不得碰坏砖面层；喷浆时要对面层进行保护。

（6）地砖铺完7d后检查有无空鼓、铺贴不平、缝宽不一致等缺陷，不符合要求的应返工，方法是取出空鼓地砖，可用吸盘吸住，平直吊出，然后按规范要求铺贴。

图2-9 走道地砖面层保护

（7）做好工序交接，下道工序进场施工前需与上道工序施工人员做好书面交接，明确完成项目及成品保护要求。

任务2.1.2 玻化砖铺贴

[实训要求]

熟悉地面铺贴玻化砖的基本构造知识。

掌握镶贴工具的操作使用。

掌握玻化砖铺贴的步骤与技巧。

吸水率低于0.5％的陶瓷砖统称为玻化砖。玻化砖表面致密、耐污性好、耐磨性好，其应用非常广泛。正是因为玻化砖吸水率低、表面致密的特点，也使得其铺贴的方法与普通砖有所不同。

本任务以室内地面干铺法铺贴玻化砖为例，介绍玻化砖铺贴的施工。

1. 前期准备

（1）图纸及施工文件准备

1）对已批准的设计图纸及深化图纸进行研读，检查设计图纸及深化图纸的完整性、合理性，熟悉产品的性能和要求。复核深化图纸与现场，发现问题及时反馈给深化设计人员。

2）查看图纸中材料的品种、规格、颜色和性能等级，明确材料生产加工要求、防护处理及环保要求，确认瓷砖排版、铺贴安装顺序、收口收头方式及地面点位预留或收口关系等施工部位节点详图（防水、地暖、与其他面层材质交接收口等）。

3）玻化砖铺贴施工前应编制施工方案，施工人员应熟知施工中需要注意的事项，包括技术要点、质量要求、安全文明施工、成品保护等。

（2）材料准备

1）玻化砖均有具有出厂合格证书。抗压、抗折及花色、品种、规格均符合要求。颜色统一，砖表面平整、光滑、边角整齐、无翘曲及掉角，外观有裂缝、掉角和表面有缺陷的玻化砖应剔除，严禁进场。

2）水泥进场时应对其品种、强度等级、包装或散装仓号、出厂日期等进行检查。硅酸盐水泥、普通硅酸盐水泥的强度等级不低于 42.5 级，并符合《水泥胶砂强度检验方法（ISO 法）》GB/T 17671—1999 规定的验收标准。分批对水泥的强度、凝结时间、安定性进行复验。水泥应有出厂证明、复验合格单。当在使用中对水泥质量有怀疑或水泥出厂超过三个月（快硬硅酸盐水泥超过一个月）时，应进行复验，并按复验结果使用。不同品种的水泥不得混合搅拌使用。水泥进场后，应做好防潮和防雨措施。

3）砂宜用中砂，不得含有有害杂质，含泥量不应超过 3%，且不应含有 4.75mm 以上粒径的颗粒，并应符合现行行业标准《普通混凝土用砂、石质量及检验方法标准》JGJ 52 的规定。人工砂、山砂及细砂应经试配试验证明能满足要求后才能使用。

（3）现场准备

1）统一测定轴线控制线和建筑标高 0.5m 或 1m 线，并标识清楚，统一管理，以此控制瓷砖的标高。重点检查房间的几何尺寸，提前做好室内控制线的放线工作，复核现场各处尺寸，发现问题及时反馈给深化设计人员。

2）室内环境温度保持在 5~35℃，相对湿度在 50%~80% 时可以满足本工艺施工条件。

3）地面基层表面应密实，不应有起砂、蜂窝和裂缝等缺陷，平整度、强度应符合设计或规范要求。

4）地面垫层以及预埋在地下的各种沟槽、管线、预埋件安装完毕，经检验合格并做隐蔽记录，如有防水层，已完成蓄水试验，管道根部做好防水处理并经检验合格，有地漏的房间应做好泛水。

5）楼地面表面平整用 2m 水平尺检查，偏差应符合设计和规范要求。

6）大面积施工前应先放出施工大样，并做样板，经业主、监理共同认定验收，方可组织班组按样板要求施工。

（4）机具准备

1）电（气）动工具：砂浆搅拌机、手提切割机、小型砂轮、红外线激光仪等。

2）手动工具：浆壶、水桶、喷壶、抹子、墨斗、钢卷尺、尼龙线、橡皮锤（或木锤）、刮杠、水平尺、弯角方尺、钢錾子、滚筒、瓷砖吸提器、笤帚、钢丝刷、拔缝开刀、棉纱、茅草刷、鸡腿刷、喷灯、硬木拍板、毛刷等。

3）耗材：十字分缝卡等。

2. 工艺流程及施工要点

（1）工艺流程

室内玻化砖铺贴的施工工艺流程如图 2-10 所示。

（2）施工要点

1）基层处理

施工前应先对基层进行检查、验收，确保基层表面坚实、平整、干燥，无空鼓、浮浆、起砂、裂缝等现象。如混凝土表面有水泡、气孔、蜂窝、麻面等，可先剔到实处，采用 1:3 水泥砂浆或掺水泥量 15% 的聚合物水泥砂浆进行修补。表面的凸起物及附着在基

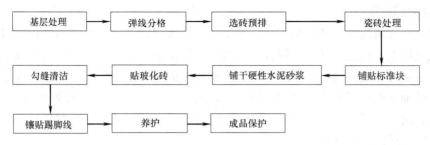

图 2-10　室内玻化砖铺贴的施工工艺流程

层表面的颗粒杂质等需要铲除并清扫。如基层表面有油污、铁锈等，要采用钢丝刷、砂纸或有机溶剂进行彻底清洗。

2）弹线分格

地面铺砖形式一般有直行、人字形和对角线等铺法。根据设计确认的玻化砖铺贴排版图，首先定出房间中央十字中心线，再向四周延伸进行分格测量弹线。有特定拼装图案区域的，应将图案弹在地面上。根据墙上的水平基准线及图纸中各构造层的厚度，确定玻化砖完成面高度。弹线定位后对照图案进行试铺编号。

3）选砖预排

玻化砖在铺贴前，应根据具体设计的要求，进行选砖。凡有裂缝、掉角等表面缺陷一律剔除不用。平整度、边直度的偏差大于 0.5mm，直角度的偏差大于 0.6mm 者，一律剔除不用。

根据纵横控制线进行瓷砖预排，原则上入口处为整砖，非整砖置于阴角处或家具下面。具体方法是：从门口开始排砖，当尺寸不足整砖倍数时，横向平行于门口的第一排应为整砖，将非整砖排在靠墙阴角位置；纵向（垂直门口）应在房间内分中，非整砖对称排放在两墙边阴角处。随后检查板块之间的缝隙，核对与门口、墙边、柱边位置瓷砖的套割情况。瓷砖的铺砌应符合设计要求，当设计无要求时，避免出现小于瓷砖边长 1/4 的边角料。预排后将瓷砖按两个方向编号排列，按编码排放整齐。

4）瓷砖处理

玻化砖背面会有烧制过程中产生的脱模粉或工业蜡，会降低玻化砖粘结面与粘结剂的粘结强度，在铺贴前用钢丝刷刷掉其背面的工业蜡（图 2-11）。清理完成后，使用专用背胶对玻化砖进行界面处理（图 2-12）。涂抹好背胶的玻化砖存放在阴凉的地方，待其干硬后（1～3 天）方可铺贴。

图 2-11　清理玻化砖

图 2-12　玻化砖界面处理

5）铺贴标准块

铺贴大面区域前应先铺贴标准块。为了便于多人同时施工，在铺砌玻化地砖前，应先在混凝土垫层上，根据纵横十字线或丁字线，铺设正十字形（或斜十字形）或丁字形两条标准块。根据标准块高度及地面标高线，将玻化砖的砖缝中心线用尼龙线（或棉线）全部拉出，作铺砌玻化砖时定位线之用。铺贴时，润湿基层后，刷一道水灰比为 0.4～0.5 的素水泥浆，用 1∶3 干硬性砂浆打底，再用水灰比 0.4～0.5 的素水泥浆粘贴。

6）铺干硬性水泥砂浆

在基层地面用 1∶3 水泥砂浆制作灰饼。灰饼规格为 50mm×50mm，高度为玻化砖完成面高度减去玻化砖饰面层及粘结层厚度，间距为 1.5m。基层湿润后，刷一道水灰比 0.4～0.5 的素水泥浆，随刷随铺 1∶3 干硬性砂浆，砂浆干硬程度以手捏成团指弹即散为宜。根据灰饼，拉线控制砂浆的厚度。铺摊顺序为从里往外，铺好后刮平、拍实，厚度宜高出玻化砖底面标高 3～4mm，每次铺摊面积以两排玻化砖宽度为宜。

7）贴玻化砖

为保证铺贴质量，玻化砖需先试铺，再正式铺贴，然后压实、拨缝。试铺时，将玻化砖对准纵横控制线平稳铺落在已铺好的干硬性水泥砂浆上，用橡皮锤敲击地砖，振实干硬性水泥砂浆至铺设高度后。揭开玻化砖，用水灰比 1∶0.4～1∶0.5 的素水泥浆或 1∶2 水泥砂浆，均匀地抹在玻化砖的背面。砂浆须饱满，厚度控制在 5～7mm。然后将玻化砖平放到揭起时的位置，用橡皮锤敲击至标准砖的高度，清理砖上的泥浆，用水平尺检查确认后进行下一块的铺贴。若高度太低或位置不准，应揭开后重贴。

每铺完两三行或一个区域，用喷壶洒水，用木锤垫硬木拍板按铺砖顺序拍打一遍，不得漏拍，边压实边用水平尺找平。压实后，拉通线及时检查缝隙是否均匀，用水平尺靠住开刀进行拨顺调直。缝应平直、贯通，先调竖缝，后调横缝。调缝后，检查玻化砖有无缺棱、掉角等现象，及时更换损坏的玻化砖。随即将灰缝余浆或砖面上的灰浆擦去。从铺干硬性水泥砂浆到压平、拨缝，各道工序应连续作业，并须在水泥砂浆初凝前完成。

8）勾缝清洁

瓷砖铺完 24h 后，可进行勾缝处理。勾缝前，将缝口清理干净，刷水湿润，用 1∶1 水泥砂浆嵌缝。一般勾缝的深度为瓷砖厚度的 1/3，缝内砂浆应密实、平整、光滑，随勾随清理。

9）镶贴踢脚线

铺瓷砖踢脚线前，应先将墙柱面润湿，刷素水泥浆一道，由阳角向阴角方向依次铺贴。阴阳角处瓷砖踢脚线的拼接处端面应切成 45°斜角，踢脚线背面的清洗和浸水处理与地面瓷砖相同。镶贴时采用 1∶2 水泥砂浆，踢脚线上沿高度应在同一水平线上，出墙厚度要一致，踢脚线的接缝与瓷砖砖缝应一致。每铺完若干块踢脚线后，应用木锤垫硬木垫板轻轻敲击，使板块粘结牢固，拉通线校正平直度合格后，擦除板面上的余浆。铺贴施工完工后 24h，使用与地面相同的水泥浆勾缝。

10）养护

施工完毕后，隔日进行洒水养护。在养护期间，严禁在上行走或堆放物品。养护时间不少于 7d，抗压强度达到 5MPa 后，方可上人行走。抗压强度达到设计要求后，方可正常使用。

3. 验收标准

（1）主控项目

1）玻化砖、水泥、砂、颜料等的品种、规格、颜色、质量，必须符合设计要求和有关标准的规定。

2）玻化砖进入施工现场时，应有放射性限量合格的检测报告。

3）玻化砖铺贴必须牢固。

4）玻化砖与结合（粘结）层应牢固，无空鼓（单块砖边角允许有局部空鼓，但每自然间或标准件的空鼓砖不应超过总数的 5%）。

（2）一般项目

1）玻化砖表面应洁净、图案清晰、色泽一致，无裂纹、掉角、脱层、缺粒和缺棱等缺陷。

2）玻化砖接缝平整均匀，深浅一致，周边顺直。

3）与周围面层材料邻接处的镶边用料及尺寸应符合设计要求，边角应整齐、光滑。

4）踢脚线表面洁净，接缝平整均匀，高度一致，结合牢固，出墙厚度适宜，上口平直，基本一致。

5）楼梯踏步和台阶板块的缝隙宽度应一致，齿角整齐，楼层梯段相邻踏步高度差不应大于 10mm，防滑条顺直。

6）有排水要求的地砖铺贴坡度应满足排水要求。地漏和面层坡度符合设计要求，不倒泛水，无积水，与地漏、管道结合处严密牢固，无渗漏。

（3）允许偏差项目（表 2-3）

玻化砖铺贴允许偏差和检验方法　　　　　　　　表 2-3

项目	允许偏差（mm）	检验方法
表面平整度	2	2m 水平尺和塞尺
接缝平直	3	拉 5m 线（不足 5m 拉通线），钢直尺检查
接缝宽度	2	钢直尺
接缝高低差	0.5	钢直尺和塞尺
踢脚线上口平直	3	拉 5m 线（不足 5m 拉通线），钢直尺检查

4. 质量通病预防（表 2-4）

常见玻化砖铺贴质量通病及预防措施　　　　　　　　表 2-4

序号	质量通病	通病图片	预防措施
1	玻化砖空鼓、起拱		（1）地面基层必须彻底清理干净并拉毛。 （2）施工前用毛刷将玻化砖背面浮灰清理干净，然后用界面剂涂刷玻化砖背面并晾干。 （3）砖与砖之间留温度伸缩缝。每 10m×10m 范围内应留一道 8～10mm 伸缩缝，用柔性填缝剂填缝；墙、柱四周应留 10mm 以上伸缩缝，踢脚线需遮盖。 （4）采用有效的成品保护措施，注意养护

序号	质量通病	通病图片	预防措施
2	玻化砖地面平整度偏差大	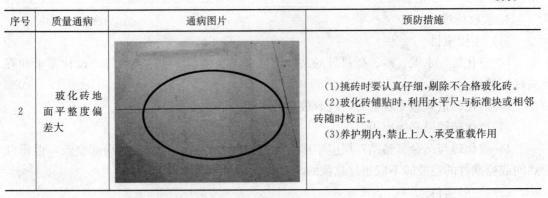	(1)挑砖时要认真仔细,剔除不合格玻化砖。 (2)玻化砖铺贴时,利用水平尺与标准块或相邻砖随时校正。 (3)养护期内,禁止上人、承受重载作用

5. 成品保护

详见任务 2.1.1 普通砖铺贴的 5. 成品保护,如图 2-13 所示。

图 2-13 砖面和砖缝覆面保护

项目 2.2 地板施工实训

地板施工,是指将木地板或其他材质的地板通过钉固、粘贴或者拼装的施工方法使其覆盖于原有地面之上的一种施工过程。地板的种类繁多,常见的有实木地板、复合地板、竹木地板、软木地板、PVC 地板等。

地板施工是地面工程的重要组成部分,本项目主要介绍实木地板铺设、复合地板铺设。

任务 2.2.1 实木地板铺设

[实训要求]

熟悉实木地板的基本构造知识。

掌握施工机具的操作使用。

掌握实木地板铺设的步骤与技巧。

木地板施工方法分为实铺法、空铺法。根据不同的施工环境,不同种类地板选择不同的铺设方法。

1. 前期准备

（1）图纸及施工文件准备

1）对已批准的设计图纸及深化图纸进行研读，检查图纸的完整性、合理性，熟悉产品的性能和要求。复核深化图纸与现场，发现问题及时反馈给深化设计人员。

2）了解图纸应包含的内容：地板的材质、品种、铺设方式，木龙骨的截面尺寸、铺设方式，预埋及隐蔽工程施工中管线位置，与其他材质地面材料的接口方式。

3）施工前应编制施工方案，施工人员应熟知施工中需要注意的事项，包括技术要点、质量要求、安全文明施工、成品保护等。

（2）材料准备

1）实木地板及其铺设时的木材含水率、胶粘剂等应符合设计要求和国家现行的有关规定。

2）实木地板有害物质限量合格的检测报告。

3）木龙骨、木楔是否做防腐、防蛀处理，含水率是否符合施工要求。

4）木地板表面不得有缺棱、腐朽、漆膜鼓包、漏漆、明显的加工波纹。

5）木地板公称长度与每个测量值之差绝对值不大于1mm；公称宽度与平均宽度之差绝对值不大于0.3mm，宽度最大值与最小值之差不大于0.3mm；公称厚度与平均厚度之差绝对值不小于0.3mm，厚度最大值与最小值之差不大于0.4mm。

6）木地板试拼接后，高度差不得大于0.3mm，离缝不得大于0.4mm。

7）踢脚线顺直，无扭曲。

（3）现场准备

1）水平基准线，如0.5m线或1.0m线等，经仪器检测，其误差应在允许范围以内。

2）地面平整度符合木地板安装要求，其表面应坚硬、平整、洁净、不起砂，表面含水率不大于8%。

3）水电、设备及其预埋管线已敷设完毕，并在地面弹线标记，隐蔽验收已完成。

4）对墙面平整度进行检查，确保基层符合踢脚线安装要求。

（4）机具准备

1）电（气）动工具：地板无尘锯、冲击钻、手电钻、角磨机、手持式低压防爆灯、红外线激光仪等。

2）手动工具：锯、刨、锤、钢直尺、钢卷尺、直角尺、回力钩、垫块、墨线等。

3）耗材：地板钉、自攻钉、麻花钻头、冲击钻头、批头、细齿锯片、铅笔等。

2. 工艺流程及施工要点

（1）工艺流程（图2-14）

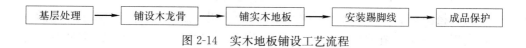

图2-14 实木地板铺设工艺流程

（2）施工要点

1）基层处理

确保水平基准线已按要求标记好，误差在允许范围以内；基层表面坚硬、洁净、不起砂，表面含水率不大于8%；基层表面平整度偏差不大于3mm；基层标高与设计标高偏差不大于3mm。基层不平整处应高凿低补，基层表面的浮土、杂物应清扫干净。

2）铺设木龙骨（图2-15）

基层清理干净后，根据设计要求和地板长度弹线。弹线方向与地板走向垂直，弹线位置为木龙骨中线位置，弹线时应避开已有暗藏管线，防止打孔时误伤管线。弹线应保证地板的两端都能够钉固到木龙骨上，并且保证地板中间至少有一根龙骨，且龙骨之间的间距不大于300mm。为保证地板及龙骨的线性膨胀，在龙骨和墙、柱中间留20mm的缝隙。在龙骨线上每隔800mm，画一交叉线，作为木楔钉入位置。根据地面平整程度，在墙上弹出木龙骨水平高度线。

用冲击钻在弹好的地面龙骨线上打眼，一般冲击钻打入地面眼的深度不能小于40mm，然后把经过防腐、防虫处理的木楔钉入眼中，木楔的直径略大于钻头直径，用铁钉将经过防腐、防虫处理的木龙骨固定在地面上。同时，用红外线和施工线拉通线检查木龙骨的高度是否与墙上弹出的木龙骨水平高度线相同，如果不同，在木龙骨下方垫木制垫片，或者刨削龙骨。

图2-15　铺设木龙骨

在木龙骨上铺设垫层地板。垫层地面应髓心向上，板间缝隙不大于3mm，与墙柱之间应留8~12mm的空隙，表面刨平。

3）铺设实木地板

由于实木地板花纹为天然形成，所以各块板材之间存在色差，在正式铺设之前应先进行试铺，将花纹、颜色接近的地板铺设在一起。铺设前，应进行地板模数计算，按计算结果对第一块板切割，避免出现最后一块板太小影响美观。每块地板接触龙骨的地方，在槽内用电钻钻孔，用地板专用钉沿30°~60°角斜向打入，最小钉长不得小于38mm。

地板面层一般为错位铺设，相邻板材接头位置应错开不小于300mm的距离。地板铺设前应先在地板上用铅笔和角尺画线，以确定地板错开位置。地板靠墙侧与柱、墙之间应留8~12mm的空隙，施工时以地板料头或者垫块塞入，以踢脚板能够盖住缝隙为准。

为使地板顺口缝平直均匀，每铺设3~5道地板，拉一次平直线检查地板缝是否平直，如不平直，应及时调整。

4）安装踢脚线（图2-16）

根据墙面情况用钢钉或自攻钉将塑料卡扣钉固在墙面上，钉卡扣时可以利用踢脚线下料时候的料头将塑料卡一半扣入踢脚线，用锤子或者电动螺丝刀将卡扣固定在墙面上。卡扣距离不大于200mm，在踢脚线转角或接头的位置应加钉一个卡扣，以使踢脚线与墙面贴靠紧密。由于踢脚线直接扣在卡扣上，卡扣是否平顺，直接关系到踢脚线上口是否能够平顺和踢脚线与地板接触部位是否严密。卡扣应固定牢固，紧贴墙体，钉固卡扣时，按住踢脚线料头的手要稍微用力下压，保持卡扣的稳定性。

3. 验收标准

（1）主控项目

实木地板的含水率、胶粘剂等应符合设计要求和国家现行有关标准的规定。

实木地板中有害物质限量应有检验报告，并检验合格。

木龙骨应做防腐、防蛀处理，安装牢固、平直。

图 2-16　安装踢脚线

面层铺设应牢固，行走或小锤敲击时无异响，无松动。

（2）一般项目

板缝严密、接头错开，表面平整、洁净。

钉固严密，表面观感图案清晰，颜色应均匀一致。

踢脚线高度应一致，接缝严密。

（3）允许偏差项目（表 2-5）

实木地板铺设允许偏差和检验方法　　　　表 2-5

项目	允许偏差（mm）		检验方法
	松木地板	硬木地板	
板面缝隙宽度	1.0	0.5	用钢尺检查
表面平整度	3.0	2.0	用 2m 靠尺和楔形塞尺检查
踢脚线上口平齐	3.0	3.0	拉 5m 线和用钢尺检查
板面拼缝平直	3.0	3.0	
相邻板材高差	0.5	0.5	用钢尺和楔形塞尺检查
踢脚线与面层接缝	1.0		楔形塞尺检查

4. 质量通病预防（表 2-6）

5. 成品保护

1）木地板铺装时尽量穿软底鞋，不可直接穿带钉子的鞋踩踏木地板。

2）木地板应清扫干净，将地板保护膜覆盖在其表面，上面用瓦楞板进一步保护，并用胶带将接缝粘贴牢固。

常见实木地板质量通病及预防措施　　　　表 2-6

序号	质量通病	通病图片	预防措施
1	走在地板上有异响		（1）应在铺设前严格控制材料的含水率，使其控制在当地一般含水率。 （2）应在铺设时严格按照设计要求铺设龙骨，当设计无要求时，龙骨间距不可大于 300mm

序号	质量通病	通病图片	预防措施
2	木地板接缝不严，缝隙过大		（1）应在铺设前严格控制材料的含水率，使其控制在当地一般含水率。 （2）在安装过程中敲打要轻，并随时观察铺完的地板是否有离缝现象，随时修正
3	地板使用一段时间后出现松动，收口处不平		（1）门槛石与地龙骨间应垫平垫实，以确保此部位地板与门槛石平齐且牢固。 （2）地板铺设的方向与进门方向一致，可避免门口地板与门槛的收口松动问题。 （3）对门扇附近的木龙骨进行加强处理

3）铺设结束后，保持正常通风，雨天及时关闭门窗，防止雨水进入室内浸泡地板。

4）后期施工时应避免重物坠落砸伤木地板表面，并不在木地板表面拖拽设备、家具等物品。

5）施工全部完成，保洁时，应用地板拖布将表面灰尘和杂物拖净后，以潮湿软布擦拭地板表面，禁止使用稀释剂、有机溶剂等接触地板表面，禁止使用壁纸刀、刮刀等清理地板表面。

任务 2.2.2　复合地板铺设

[实训要求]

熟悉复合地板的基本构造知识。

掌握施工机具的操作使用。

掌握复合地板铺设的步骤与技巧。

1. 前期准备

（1）图纸及施工文件准备

1）对已批准的设计图纸及深化图纸进行研读，检查图纸的完整性、合理性，熟悉产品的性能和要求。复核深化图纸与现场，发现问题及时反馈给深化设计人员。

2）了解图纸应包含的内容：地板的材质、品种、铺设方式，预埋及隐蔽工程施工中管线位置，与其他材质地面材料的接口方式。

3）施工前应编制施工方案，施工人员应熟知施工中需要注意的事项，包括技术要点、质量要求、安全文明施工、成品保护等。

（2）材料准备

1）复合地板及其铺设时的木材含水率、胶粘剂等应符合设计要求和国家现行的有关规定。

2）复合地板有害物质限量合格的检测报告。

3）复合地板表面不得有腐朽、裂缝、面板叠层、鼓泡分层、漏漆、刀痕、划痕、边角缺损、明显的凹陷、压痕、漆膜鼓泡、粒子、加工波纹。

4）复合地板公称长度不大于 1.5m 时，公称长度与每个测量值之差绝对值不大于1mm，公称长度小于 1.5m 时，公称长度与每个测量值之差绝对值不大于 2mm。公称宽度与平均宽度之差绝对值不大于 0.2mm，宽度最大值与最小值之差不大于 0.3mm，公称厚度与平均厚度之差绝对值不大于 0.5mm，厚度最大值与最小值之差不大于 0.5mm。

5）复合地板试拼接后，拼装高度差平均值不大于 0.1mm，拼装高度差最大值不大于0.15mm。拼装离缝平均值不大于 0.15mm，拼装离缝最大值不大于 0.2mm。

6）踢脚线顺直，无扭曲。

（3）现场准备

详见任务 2.2.1 实木地板铺设的 1. 前期准备的（3）现场准备。

（4）机具准备

详见任务 2.2.1 实木地板铺设的 1. 前期准备的（4）机具准备。

2. 工艺流程及施工要点

（1）工艺流程

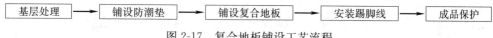

图 2-17　复合地板铺设工艺流程

（2）施工要点

1）基层处理

详见任务 2.2.1 实木地板铺设的 2. 工艺流程及施工要点的基层处理。

2）铺设防潮垫

将防潮垫按照地板铺设方向顺序铺于地面上，保证防潮垫不搭接、不离缝，在接缝处用胶带固定。防潮垫需要铺满并沿墙、柱向上反 20mm 左右，以保证防潮效果。

3）铺设复合地板（图 2-18）

铺设前，应计算地板模数，按计算结果对第一块板进行切割，避免出现最后一块板太小影响美观。铺设第一块板，将板口的凹槽面冲墙，并用地板头在墙体与地板之间垫出8～12mm 的缝隙。沿地板长方向铺设第一排其余的板，在墙和地板之间垫出 8～12mm 的缝隙，并注意墙的弧度与地板的弧度是否贴合，垫块垫在接缝位置。在第一块板的旁边铺设第二排板，根据地板长度和设计要求将板头截去一块，使地板面层成为错位铺设，相邻板材接头位置应错开不小于 300mm 的距离，地板铺设前应先在地板上用铅笔和角尺画线，以确定地板错开位置。

为使地板顺口缝平直均匀，应每铺设 3～5 道地板，即拉一次平直线检查地板缝是否平直，如不平直，应及时调整。当铺设到最后一排靠墙时，不能用锤直接打击时，应用回力钩辅助，将钩子压紧，并勾牢地板底部，敲击钩柄一侧，使地板锁扣锁死。最后取出靠墙的垫块，将弹簧片或者弹簧塞入墙与地板的空隙中，间距 300mm 左右，注意应在地板的四周对称放置，使弹簧片和弹簧两两相对，使地板受力均匀，不至于被弹簧将地板接缝顶开。

4）安装踢脚线（图 2-19）

详见任务 2.2.1 实木地板铺设的 2. 工艺流程及施工要点的安装踢脚线。

图 2-18　铺设复合地板　　　　　　　　　图 2-19　安装踢脚线

3. 验收标准

（1）主控项目

复合地板的含水率、胶粘剂等应符合设计要求和国家现行有关标准的规定。

复合地板中有害物质限量应有检验报告，并检验合格。

复合地板面层铺设应牢固，行走时无异响，无松动。

（2）一般项目

复合地板面层图案和颜色应符合设计要求，图案应清晰，颜色应一致，板面应无翘曲。

面层缝隙应严密，接头位置应错开，表面应平整、洁净。

踢脚线应表面光滑，接缝严密，高低一致。

（3）允许偏差项目（表 2-7）

复合地板铺设允许偏差和检验方法　　　　　　表 2-7

项　　目	允许偏差（mm）	检验方法
板面缝隙宽度	0.5	用钢尺检查
表面平整度	2.0	用 2m 靠尺和楔形塞尺检查
踢脚线上口平齐	3.0	拉 5m 线和用钢尺检查
板面拼缝平直	3.0	
相邻板材高差	0.5	用钢尺和楔形塞尺检查
踢脚线与面层接缝	1.0	楔形塞尺检查

4. 质量通病预防（表 2-8）

5. 成品保护

详见任务 2.2.1 实木地板铺设的 5. 成品保护。

常见复合地板质量通病及预防措施　　表2-8

序号	质量通病	通病图片	预防措施
1	走在地板上有异响		(1)在铺设前严格控制材料的含水率。 (2)在铺设前仔细清理基层,铺防潮垫时注意不能搭接和褶皱
2	木地板接缝不严,缝隙过大		(1)应在铺设前严格控制材料的含水率。 (2)在安装过程中轻轻敲打,并随时观察铺完的地板是否有离缝现象,随时修正
3	复合地板起鼓		(1)在安装地板前检测基层含水率是否达标。 (2)在安装地板时检查墙边的垫块是否被振掉,位置是否适当

项目 2.3　地毯施工实训

　　地毯按材质分为纯毛地毯、混纺地毯、化纤地毯、塑料地毯等。优质地毯通常情况下不易点燃,具有天然的阻燃、难点燃和自熄性能,即使燃烧,也不会产生有害气体,而且地毯可以有效改善地面的舒适度,并具有优质的保暖性。因此,地毯是良好的地面工程施工材料。

　　本项目主要介绍卷材地毯铺设和块材地毯铺设。

任务 2.3.1　卷材地毯铺设

[实训要求]

熟悉卷材地毯的基本构造知识。

掌握地毯铺设工具的操作使用。

掌握卷材地毯铺设的步骤与技巧。

1. 前期准备

(1) 图纸及施工文件准备

1) 对已批准的设计图纸及深化图纸进行研读，检查设计及深化图纸的完整性、合理性，熟悉产品的性能和要求。复核深化图纸与现场，发现问题及时反馈给深化设计人员。

2) 了解图纸应包含的内容：地毯、衬垫、倒刺板、金属压条的品种、规格、颜色和主要性能指标等，胶粘剂与基层材料和面层材料的相容性要求、环保要求等，明确地毯花色拼接、与其他材质衔接处理方式。

3) 安装施工前已熟知施工方案并已接受施工交底，熟知施工中需要注意的事项，包括技术要点、质量要求、安全文明施工、成品保护等。

(2) 材料准备

1) 地毯及其辅料应提供出厂合格证书。地毯的品种、规格、主要性能和技术指标必须符合设计要求。

2) 倒刺条的材质、斜钉间距、表面处理方式等应符合设计要求。

3) 地毯、衬垫、胶粘剂应提供挥发性有机化合物（VOC）和游离甲醛含量检测报告，并应符合设计要求。

(3) 现场准备

1) 在地毯铺设之前，室内装饰施工应基本完成。室内所有重型设备均已就位并完成调试、运转，经核验全部达到合格标准。

2) 铺设楼地面地毯的基层，要求表面平整、光滑、洁净，如有油污，须用丙酮或松节油擦净。如为水泥楼面，应具有一定的强度，含水率不大于8%。

3) 地毯、衬垫和胶粘剂等进场后应检查核对数量、品种、规格、颜色、图案等是否符合设计要求，如符合应按其品种、规格分别存放在干燥的仓库或房间内。使用前要预铺、配花、编号，待铺设时按号取用。

4) 应先把需铺设地毯的房间、走道等四周的踢脚板做好。踢脚板下口均应离开地面大于地毯厚度2～3mm，以便将地毯毛边掩入踢脚板下。

5) 为保证工程的施工质量和效果，可在大面积施工开展前，进行样板的施工，经有关部门确认后再大面积施工。

(4) 施工机具

1) 电动工具：裁边机、手电钻、吸尘器、熨斗等。

2) 手动工具：地毯张紧器、压毯铲、锤、剪刀、橡胶压边滚筒、钢直尺、钢卷尺、角尺等。

3) 耗材：水泥钉、胶带、美纹纸、地毯专用保护膜、刷子、胶桶、美工刀、垃圾桶等。

2. 工艺流程与施工要点

(1) 工艺流程

地毯铺设通常分为固定式铺设、不固定铺设两种方法，固定式铺设又分为空铺法和实铺法两种。本任务以实铺法卷材地毯铺设为例介绍卷材地毯铺设的施工。

实铺法卷材地毯铺设的施工工艺流程如图2-20所示。

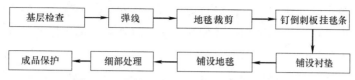

图 2-20　实铺法卷材地毯铺设的工艺流程

（2）施工要点

1）基层检查

铺设地毯的基层表面应平整、光滑、洁净、干燥，含水率不大于 8%，表面平整偏差不大于 4mm。如有油污，须用丙酮或松节油擦净（图 2-21）。

2）弹线

严格按照设计图纸对各个不同部位和房间的具体要求进行弹线、套方、分格，如图纸有规定和明确要求，则严格按图施工。如图纸没有具体要求，应对称找中、弹线，定位铺设（图 2-22）。

图 2-21　基层平整度、含水率检查

图 2-22　弹线

3）地毯裁剪

地毯裁剪应在比较宽阔的地方统一进行。要精确测量房间尺寸，并按房间和所用地毯型号逐一登记编号。然后根据房间尺寸、形状用裁边机裁剪地毯料，每段地毯的长度要比房间长 20mm 左右，宽度要以裁去地毯边缘线后的尺寸计算。弹线后从地毯背面裁切，裁好后编号，放入对号房间。大面积房间可在施工地点裁剪拼缝（图 2-23）。

4）钉倒刺板挂毯条

沿房间或走道四周踢脚板边缘，用高强水泥钉将倒刺板钉在基层上（钉朝向墙的方向），水泥钉间距 300mm 左右。倒刺板应离开踢脚板面 8～10mm。

5）铺设衬垫

将弹性衬垫胶粒面朝下，四周与倒刺板相距 10mm 左右。拼缝处用胶带粘合，防止衬垫滑移。

6）铺设地毯

图 2-23　地毯裁剪

将裁好的地毯虚铺在垫层上，然后将地毯卷起，在接缝处缝合。缝合完毕，用塑料胶纸贴于缝合处，保护接缝处不被划破或勾起，然后将地毯平铺，用弯针在接缝处做绒毛密实的缝合，表面不显拼缝。

使用张紧器（地毯撑）将地毯从固定一端向另一端推移张紧，每张紧 1m 左右一段后，使用钢钉临时固定，推到终端时，将地毯边固定在倒刺板上。再将地毯毛边用压毯铲塞入倒刺条与踢脚线之间的缝隙内。

7）细部处理

注意门口压条处，走道与门厅或卫生间门槛，地面与管根、暖气罩、槽盒、踢脚板，楼梯踏步与过道平台，以及不同颜色地毯交接处等部位地毯的套割、固定、掩边工作。地毯面层必须粘结牢固，不应有显露、后找补条等缺陷。地毯铺装完毕，固定收口条后，应用吸尘器清扫干净，将地毯表面上脱落的绒毛等杂物彻底清理干净。

3. 验收标准

（1）主控项目

1）各种地毯的材质、规格、技术指标必须符合设计要求和施工规范规定。

2）地毯表面应平整，拼接处应粘贴牢固、严密平整、图案吻合。

（2）一般项目

1）地毯表面不应起鼓、起皱、翘边、卷边、显拼缝、露线和毛边，绒面毛应顺光一致，毯面应洁净、无污染和损伤。

2）地毯同墙柱面或其他面层连接处、收口处应顺直、平整。

4. 质量通病预防（表 2-9）

常见卷材地毯质量通病及预防措施　　　　　　　　　　　　　　　　　　表 2-9

序号	质量通病	通病图片	预防措施
1	地毯表面不平整、起折、鼓包		(1)衬垫应铺贴平整。 (2)地毯应张拉紧实。 (3)地毯未完全挂住倒刺板或倒刺板间距过大。 (4)安装时应控制室内温湿度，清洗地毯时不能太潮湿以防起拱
2	地毯与石材收口处不平整		(1)地面找平前应确定地毯厚度，根据小样厚度尺寸浇筑地面。 (2)地毯与石材地面平接时做好绒高找坡，拼接处可用不锈钢条收口。 (3)按规定预装倒刺条

5. 成品保护

（1）注意倒刺板挂毯条及钢钉等使用保管工作，尤其要注意及时回收和清理截断下来的零头、倒刺板、挂毯条和散落的钢钉，避免发生钉子扎脚、划伤地毯和把散落的网钉铺垫在地毯垫层和面层下面，否则必须返工重铺。

（2）要认真贯彻岗位责任制，严格执行工序交接制度。每道工序施工完毕后及时清理地毯上的杂物。注意关闭门窗和卫生间的水龙头，严防地毯泡水事故发生。

（3）地毯施工完毕如有后续施工，必须对地毯进行覆盖，防止后续施工污染地毯。

（4）严禁在铺装完成的地毯上拖运重物，或使用尖锐物品划伤地毯表面。地毯铺装完成后应远离热源。

任务2.3.2　块材地毯铺设

［实训要求］

熟悉块材地毯的基本构造知识。

掌握地毯铺设工具的操作使用。

掌握块材地毯铺设的步骤与技巧。

1. 前期准备

（1）图纸及施工文件准备

详见任务2.3.1卷材地毯铺设的1. 前期准备的（1）图纸及施工文件准备。

（2）材料准备

1）地毯及其辅料应提供出厂合格证书。地毯的品种、规格、主要性能和技术指标必须符合设计要求。

2）羊毛及羊毛混纺地毯在正常及保养使用年限内不得出现虫蛀现象。

3）地毯、衬垫、胶粘剂应提供挥发性有机化合物（VOC）和游离甲醛含量检测报告，并应符合设计要求。

（3）现场准备

1）在地毯铺设之前，室内装饰施工应基本完成。室内所有重型设备均已就位并完成调试、运转，经核验全部达到合格标准。

2）基层地面平整度要求比卷材地毯高，一般应做自流平地面或保证地面平整度误差不大于2mm。

3）地毯、胶粘剂等进场后应检查核对数量、品种、规格、颜色、图案等是否符合设计要求，如符合应按其品种、规格分别存放在干燥的仓库或房间内。使用前要预铺、配花、编号，待铺设时按号取用。

4）如果先将铺设地毯的房间、走道等四周的踢脚板做好。踢脚板下口均应离开地面大于地毯厚度2～3mm，以便将地毯毛边掩入踢脚板下。

5）为保证工程的施工质量和效果，可在大面积施工开展前，进行样板的施工，经有关部门确认后再进行大面积施工。

（4）施工机具

1）电动工具：吸尘器、熨斗等。

2）手动工具：压毯铲、手锤、剪刀、钢卷尺、钢直尺、角尺等。

3）耗材：墨斗（线）、胶带、美纹纸、地毯专用保护膜、刷子、毡滚、胶桶、美工刀、垃圾桶等。

2. 工艺流程与施工要点

（1）工艺流程（图 2-24）

本任务以实铺法块材地毯铺设为例介绍块材地毯铺设的施工，如图 2-24 所示。

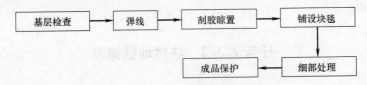

图 2-24　块材地毯铺设工艺流程

（2）施工要点

1）基层检查

铺设地毯的基层应为自流平水泥地面，或达到表面平整度偏差不大于 2mm。基层表面应坚硬、洁净、干燥，含水率不大于 8%，如有油污，须用丙酮或松节油擦净。

2）弹线

严格按照设计图纸对各个不同部位和房间的具体要求进行弹线、套方、分格，如图纸有规定和明确要求，则严格按图施工。如图纸没有具体要求时，应对称找中、弹线，定位铺设。块毯放线排版的原则是需要切割的块毯不应小于 1/3 宽度，且在同一空间内尽量使块毯铺贴尺寸对称。

3）刮胶晾置

用锯齿形刮板将粘结剂均匀地刮在基层面上和地毯底面上，刮胶后晾置 5～10min。

4）铺设地毯

铺设中心地毯：按照弹线位置，将地毯边缘对齐所弹中心十字线，按设计要求粘贴中心位置的四块地毯。块毯铺贴时注意方向性，应按块毯背面的箭头指示进行铺贴。

铺设周围地毯：沿中心线位置和铺设好的地毯边缘，依次将地毯铺设在地面上，直到墙边、柱边。将地毯裁剪整齐，将边缘塞入踢脚线下方。

碾压整平：每块地毯铺设完成后都应用毡辊将边缘碾压整齐，挤出气泡。

5）细部处理

详见任务 2.3.1 卷材地毯铺设的 2. 工艺流程与施工要点的细部处理。

3. 验收标准

（1）主控项目

详见任务 2.3.1 卷材地毯铺设的 3. 验收标准的（1）主控项目。

（2）一般项目

详见任务 2.3.1 卷材地毯铺设的 3. 验收标准的（2）一般项目。

4. 质量通病预防（表 2-10）

常见块材地毯质量通病及预防措施 表 2-10

序号	质量通病	通病图片	预防措施
1	压边粘结产生松动及发霉等现象		地毯、胶粘剂等的材质、规格、技术指标符合规范和设计要求,要有产品出厂合格证,必要时做复试。使用前要认真检查并做好试铺工作
2	地毯表面不平整、起折、鼓包		(1)铺装完成后没有进行压实。 (2)铺装过程中气泡没有挤出
3	出现拼缝痕迹		(1)保证地面平整度。 (2)地毯未预先在背面进行粘贴
4	涂刷胶粘剂污染踢脚板、门框扇及其他构件		(1)操作不认真,胶液涂刷到其他位置。 (2)胶液过多,挤压时胶液溢出
5	某侧靠墙边位置地毯过小,不美观,粘贴不牢固		(1)选好起铺点。 (2)铺贴前应先进行试铺

序号	质量通病	通病图片	预防措施
6	地毯的角没有顶在一点上		（1）进场前应对块毯规格、尺寸进行检查、验收。 （2）块毯铺设时，边角应对齐、顶紧。 （3）地面平整度误差不得大于2mm

5. 成品保护

详见任务 2.3.1 卷材地毯铺设的 5. 成品保护。

项目 2.4　石材施工实训

任 务　石 材 铺 贴

[实训要求]

熟悉石材铺贴的基本构造知识。

掌握镶贴工具的操作使用。

掌握石材铺贴的步骤与技巧。

1. 前期准备

（1）图纸及施工文件准备

1）对已批准的设计图纸及深化图纸进行识读，检查图纸的完整性、合理性，熟悉产品的性能和要求。复核深化图纸与现场，发现问题及时反馈给深化设计人员。

2）了解图纸中材料的品种、规格、颜色和性能等级，明确材料生产加工要求、防护处理及环保要求，确认石材排版、铺贴顺序、地面点位预留及收口收头方式等。

3）铺贴施工前熟知施工方案，了解施工中需要注意的事项，包括技术要点、质量要求、安全文明施工、成品保护等。

（2）材料准备

1）石材的品种、规格、数量应符合要求。石材的表面应光洁、方正、平整、质地坚固，不得有缺楞、掉角、暗痕和裂纹等缺陷。室内用花岗岩应对放射性指标进行复验。石材加工应符合现行规范《天然花岗石建筑板材》GB/T 18601—2009、《天然大理石建筑板材》GB/T 19766—2005 的要求。石材进场后，应按编号顺序侧立堆放在室内，光面相对、背面垫松木条，并在板下加垫木方。

2）水泥进场时应对品种、强度等级、包装或散装仓号、出厂日期等进行检查。硅酸盐水泥、普通硅酸盐水泥，其强度等级不低于 42.5 级。材料需符合《水泥胶砂强度检验方法（ISO 法）》GB/T 17671—1999 规定的验收标准。应分批对水泥强度、凝结时间、安定性进行复查。当在使用中对水泥质量有怀疑或水泥出厂超过三个月（快硬硅酸盐水泥超过一个月）时，应进行复验，并根据复验结果确定可否使用。不同品种的水泥不得混合搅拌使用。水泥进场后，应做好防潮和防雨措施。

3）砂宜用中砂，不得含有有害杂质，含泥量不应超过 3%，且不应含有 4.75mm 以上粒径的颗粒，并应符合现行行业标准《普通混凝土用砂、石质量及检验方法标准》JGJ 52—2006 的规定。人工砂、山砂及细砂应经试配试验证明能满足要求后方可使用。

（3）现场准备

1）统一测定轴线控制线和建筑标高 0.5m 或 1m 线，并标识清楚，统一管理，以此控制瓷砖的标高。重点检查房间的几何尺寸，提前做好室内控制线的放线工作，复核现场各处尺寸，发现问题及时反馈给深化设计人员。

2）室内环境温度保持在 5~35℃，相对湿度在 50%～80% 时可以满足本工艺施工条件。

3）地面基层表面应密实，不应有起砂、蜂窝和裂缝等缺陷，平整度、强度应符合设计或标准规定要求。

4）地面垫层以及预埋在地下的各种沟槽、管线、预埋件安装完毕，经检验合格并做隐蔽记录。如有防水层，已完成蓄水试验，管道根部做好防水处理并经检验合格。

5）楼地面表面平整用 2m 水平尺检查，偏差不得大于 3mm。

（4）机具准备

1）电（气）动工具：石材切割机、石材磨光机、砂浆搅拌机、红外线激光仪等。

2）手动工具：抹刀、托板、搅拌桶、橡皮锤（或木锤）、钢直尺、钢卷尺、直角尺、水平尺、墨斗、铲刀、锯齿镘刀、尼龙线等。

3）耗材：切割锯片、十字分缝卡、墨汁、铅笔、棉纱或毛巾等。

2. 工艺流程及施工要点

（1）工艺流程（图 2-25）

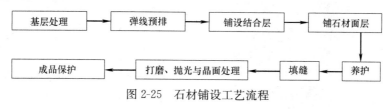

图 2-25　石材铺设工艺流程

（2）施工要点

1）基层处理

施工前应先对基层进行检查、验收，确保基层表面坚实、平整、干燥，无空鼓、浮浆、起砂、裂缝等现象。如混凝土表面有水泡、气孔、蜂窝、麻面等，可先剔到实处后，采用 1∶3 水泥砂浆或掺水泥量 15% 的聚合物水泥砂浆进行修补。表面的凸起物及附着在基层表面的颗粒杂质等需要铲除并清扫。如基层表面有油污、铁锈等，要采用钢丝刷、砂纸或有机溶剂进行彻底清洗（图 2-26）。

图 2-26 基层处理

2) 弹线预排

根据设计确认的石材铺贴排版图，首先定出房间中央的十字中心线，再向四周延伸进行分格测量弹线。有特定拼装图案区域的，应将图案弹在地面上。根据墙上的水平基准线及图纸中各构造层的厚度，确定石材完成面高度。弹线定位后对照图案进行试铺编号。

3) 铺设结合层

在基层地面用 1:3 水泥砂浆制作灰饼。灰饼规格为 50mm×50mm，高度为石材完成面高度减去石材饰面层及粘结层厚度，间距为 1.5m。基层湿润后，刷一道水灰比为 1:0.4～1:0.5 的素水泥浆，随刷随铺 1:3 干硬性砂浆，砂浆干硬程度以手捏成团指弹即散为宜。铺摊时应从里往外，铺好后刮平、拍实，厚度宜高出大理石、花岗岩底面标高 3～4mm，每次铺摊两排石板宽度。

4) 铺石材面层

铺设前 24h，应将板材清理干净，并做六面防护，防止返碱、返水和返锈。石材做完防护后，晾干备用（图 2-27）。铺设顺序为先铺设中央十字中心线对角两块板材，然后沿着十字中心线向四周铺设。铺设时，用锯齿镘刀将素水泥浆均匀地刮涂于天然石材的粘结面上（基层误差较大时，可在基层和板材两面同时刮涂），再将板材按压到干硬性砂浆层上。安放时四角同时下落，用橡皮锤轻轻敲击，调整水平，摆正压实（图 2-28）。

根据设计要求设置接缝（图 2-29），一般情况下，大面积石材每 10m×10m 预留一道伸缩缝。铺设完毕后，板材周边接缝部位挤压出的胶粘剂用铲刀、棉纱等及时清理干净（图 2-30）。

图 2-27 板块防护处理

图 2-28 找平调整

5) 养护

图 2-29　设置接缝

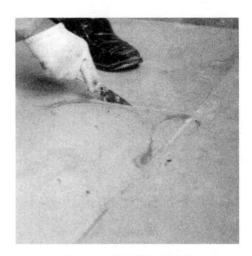

图 2-30　清理板块及接缝

当铺贴石材的结合层采用水泥砂浆时，面层铺设完成后，表面应覆盖、湿润，养护时间不应少于 7d。养护时，表面严禁覆盖塑料膜等不透气的材料（图 2-31），应自然敞开或覆盖具有透气性的材料（图 2-32）。

图 2-31　错误的养护措施

图 2-32　采用透气性的材料保护

6）填缝

填缝前应做清缝处理（图 2-33），再用刷子清除灰尘（图 2-34）。填缝剂用铲刀或批板嵌入缝隙中，表面填平（图 2-35）。填缝剂完成固化后即可进行打磨抛光操作。拌好的填缝剂宜在规定时间内用完，粘在石板表面的填缝剂应在未固化前用铲刀清理干净（图 2-36）。

7）打磨、抛光与晶面处理

石材地面养护完成后开始进行打磨施工。一般情况下，石材的打磨由粗到精分为三遍打磨，每一遍打磨后都应清理养护，直到表面平整、光滑。抛光与晶面处理应根据设计要求和石材特点，选择相应的晶硬剂进行施工。打磨遍数按光泽度镜面分级要求相应的增减。

图 2-33　切割清缝

图 2-34　清理灰尘

图 2-35　填缝

图 2-36　清理表面

3. 验收标准

（1）主控项目

石材面板的品种、规格、颜色和性能应符合要求。

石材面板与基层必须结合牢固，无空鼓。单块板块边角允许有局部空鼓，但每自然间或标准间的空鼓板块不应超过总数的 5%。

（2）一般项目

石材铺设前，板块的背面和侧面应进行防碱背涂处理。

石材的表面应洁净、平整、无磨痕，且应图案清晰，色泽一致，接缝均匀，周边顺直，镶嵌正确，板块应无裂纹、掉角、缺棱等缺陷。

石材完成面的坡度应符合设计要求，不倒泛水、无积水；与地漏、管道结合处应严密牢固，无渗漏。

（3）允许偏差项目（表 2-11）

石材铺贴安装允许偏差和检验方法 表 2-11

项　　目	允许偏差（mm）	检验方法
表面平整度	1	2m 靠尺和塞尺
缝格平直	2	拉 5m 线（不足 5m 拉通线），钢直尺检查
接缝高低差	0.5	钢直尺和塞尺
踢脚线上口平直	1	拉 5m 线（不足 5m 拉通线），钢直尺检查
板块间接缝宽度	1	钢直尺

4. 质量通病预防（表 2-12）

常见石材铺贴质量通病及预防措施 表 2-12

序号	质量通病	通病图片	预防措施
1	地面大理石出现返潮、泛碱、返锈等现象		（1）铺设前，板块的背面和侧面应进行防碱、防水背涂处理。 （2）做好石材进场质量验收工作，对存在明显裂缝的石材予以清退。 （3）严格控制石材铺贴时，基层、干拌砂浆层、粘结层的含水率
2	墙面石材与地面石材拼角处呈现朝天缝		（1）地面与墙、柱面石材结合处，地面石材加宽 10mm 左右。 （2）最好是先铺地面后安装墙面石材，或将地面石材伸入墙面

5. 成品保护

（1）材料进场前需确定详细的材料运输、搬运、堆放及现场安装的方案，对可能造成成品损坏的部位、工序重点控制、提前预防。

（2）应采取措施保护已完工的墙面、门窗等。

（3）在铺砌石材板块及碎拼大理石板块过程中，操作人员应做到随铺随用干布擦净大理石面上的水泥浆。

（4）刚铺完的石材面层应避免太阳曝晒，室内宜适当通风，在已完成石材面层上应先满铺一层无纺布或麻袋布等软质材料，再覆盖瓦楞板、木工板或石膏板等硬质材料。及时清除残留在墙、柱、门等面板上的污物，并粘贴保护膜，预防污染、锈蚀。

（5）石材拼缝处采用美纹纸进行粘贴保护，防止缝隙中落入杂物，难以清理。

（6）尖、硬器物不得碰坏砖面层。喷浆、喷漆等作业时要对面层进行保护。

（7）运料应使用窄车，支脚用软质材料包裹。

（8）做好工序交接，下道工序进场施工前需与上道工序施工人员做好书面交接，明确完成项目及成品保护要求，防止损坏、污染石材饰面板。

（9）易破损部分的棱角要采用保护措施，重要部位的石材，可以通过封闭围护等方法保护。

项目 2.5 防水施工实训

建筑防水工程是建筑工程中非常重要的组成部分。建筑物发生渗漏不仅会对建筑装饰层产生影响，甚至可能会对设备、结构等造成破坏，从而影响建筑的功能、安全和耐久。

建筑防水工程按其工程部位可分为地下室防水工程、屋面防水工程、外墙面防水工程、室内厨房和厕浴间防水工程、楼层游泳池防水工程、屋顶花园防水工程等；按其防水材料性能及构造做法可分为刚性防水、柔性防水、刚柔结合防水等。室内厨房和厕浴间防水工程常采用的防水材料有聚氨酯防水涂料、聚合物乳液防水涂料、聚合物水泥防水涂料、水乳型沥青防水涂料等。

任务 2.5.1 卷 材 防 水

[实训要求]

熟悉卷材防水的基本构造知识。

掌握卷材防水施工工具的操作使用。

掌握卷材防水的施工工艺。

厕浴间的防水工程，可以采用施工方便，无接缝的涂膜防水做法，也可选用优质聚乙烯丙纶防水卷材与配套粘结料复合防水做法。

本任务以厕浴间聚乙烯丙纶卷材-聚合物水泥复合防水施工为例，介绍卷材防水施工。

1. 前期准备

（1）图纸及施工文件准备

1）仔细听取项目施工技术负责人（或设计师）所做的图纸及技术交底，安装施工前熟知施工方案并接受施工交底，检查设计及深化图纸的完整性、合理性，深入了解防水工程的技术、质量、安全文明施工、成品保护要求，熟悉产品的性能和要求等。根据图纸复核现场，发现问题及时反馈给设计人员。

2）对已批准的设计图纸及深化图纸进行研读，了解图纸应包含的内容：防水施工的工作范围及界面，基层处理、验收的要求，防水施工各层构造及其材料的名称、规格型号、主要性能指标，阴阳角、管根、地漏、排水口等部位的处理方式，防水涂料涂刷的遍数、厚度要求等。

3）施工前应编制施工方案，施工人员应熟知施工中需要注意的事项，包括技术要点、质量要求、安全文明施工、成品保护等。

（2）材料准备

1）聚乙烯丙纶卷材是聚乙烯与助剂等化合热熔后挤出，同时在两面热覆丙纶纤维无纺布形成的卷材。聚乙烯丙纶卷材的主要规格应符合表 2-13 的规定。

聚乙烯丙纶卷材主要规格　　　　　　　　表 2-13

项　目	规　格		允许偏差(%)
长度(m)	100	50	+0.05
宽度(m)	≥1.0		+0.05
厚度(mm)	0.6、0.7、0.8	0.9、1.0、1.2、1.5	0～+15

2）聚乙烯丙纶的原料必须是原生的正规优质品，严禁使用再生原料及二次复合生产的卷材。卷材应符合国家标准《高分子防水材料　第一部分：片材》GB 18173.1—2012的规定，其主要物理性能应符合表 2-14 的规定。

聚乙烯丙纶卷材主要物理性能指标　　　　　　　　表 2-14

项　目		指标
断裂拉伸强度(N/cm,≥)	纵向	60
	横向	60
胶断伸长率(%,≥)	纵向	400
	横向	400
不透水性		0.3MPa,30min,无渗漏
低温弯折性		−20℃,无裂纹
加热伸缩量(≤)	延伸	2
	收缩	4
撕裂强度(N,≥)		20

3）聚乙烯丙纶卷材的主要环保指标应符合《生活饮用水输配水设备及防护材料的安全性评价标准》GB/T 17219—1998 的规定，其主要环保指标见表 2-15。

聚乙烯丙纶卷材主要环保指标　　　　　　　　表 2-15

项　目	指　标
浑浊度(度,增加量≤)	0.5
臭和味	无异臭、异味
挥发酚类(以苯酚计)(mg/L,≤)	0.002
氟化物(mg/L,≤)	0.1
硝酸盐氮(以氮计)(mg/L,≤)	2
高锰酸钾消耗量(以 O_2 计)(mg/L,增加量≤)	2
四氯化碳(μg/L,≤)	0.3

4）聚合物水泥防水胶粘材料的组成可分为单组分和双组分，其均应具有一定的防水性能和粘结性能。聚合物水泥粘结材料分 A、B、C 三种类型。A 型料用于聚乙烯丙纶防水卷材与基底粘结，B 型料用于聚乙烯丙纶防水卷材与其他类卷材（三元乙丙橡胶防水卷材、SBS 改性沥青防水卷材等）粘贴，C 型料用于聚乙烯丙纶防水卷材与塑料管及铁件等粘结。施工中根据不同需要选用不同类型的粘结料。聚合物水泥防水胶粘材料主要性能应

符合表 2-16 的规定。

聚合物水泥防水粘结料主要物理性能 表 2-16

项 目		指标
与水泥基层的拉伸粘贴强度（MPa，≥）	常温 28d	0.6
	耐水	0.4
	耐冻融	0.4
操作时间（h，≥）		2
抗渗性能（MPa，≥）	抗渗压力差 7d	0.2
	抗渗压力 7d	4.0
抗压强度 7d（MPa，≥）		9
柔韧性 28d（≤）	抗压强度/抗折强度	3
剪切状态下的粘合性（N/mm）常温（≥）	卷材与卷材	2.0
	卷材与基底	1.8

5) 聚合物水泥防水粘结料主要环保指标应符合《室内装饰装修材料胶粘剂中有害物质限量》GB 18583—2008 规定，环保指标应符合表 2-17 的规定。

聚合物水泥粘结料主要环保指标 表 2-17

检 验 项 目	环保性能指标
游离甲醛（g/kg，≤）	1
苯（g/kg，≤）	0.2
甲苯＋二甲苯（g/kg，≤）	10
总挥发性有机物 W（g/L，≤）	50

6) 防水卷材、粘结料等应有产品合格证书、出厂检验报告。

7) 产品包装完好无损，且标明涂料名称、生产日期、生产厂家、产品有效期等。

8) 防水卷材、粘结料等应按规定抽样复验合格，并有相应的检验报告。

（3）现场准备

1) 统一测定轴线控制线和建筑标高 0.5m 或 1m 线，并标识清楚、统一管理，以此控制完成面的标高。重点检查房间的几何尺寸，提前做好室内控制线的放线工作，复核现场各处尺寸，发现问题及时反馈给深化设计人员。

2) 检查室内温度，保证施工环境温度在 5～35℃。

3) 管道、地漏、预埋件、设备支座等已安装完成。

4) 基层（找平层）采用水泥砂浆抹平压光、坚实、平整、不起砂。基层过于干燥应适当喷水潮湿，但不得有明水。

5) 基层找坡符合设计要求，如设计无明确要求，应符合以下规定：地面向地漏处排水坡度应为 1％；地漏边缘向外 50mm 范围内排水坡度为 5％；大面积公共厕浴间地面应分区，每一个分区设一个地漏，区域内排水坡度为 1％，坡度直线长度不大于 3m。

（4）主要机具

1) 电（气）动工具：搅拌器等。

2）手动工具：配料容器、刮板、滚刷、毛刷、压辊、剪刀、清扫工具等。

3）耗材：聚合物水泥防水胶粘材料等。

2. 工艺流程及施工要点

（1）工艺流程（图2-37）

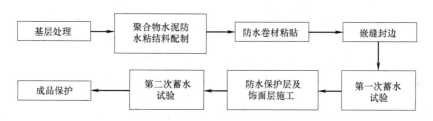

图2-37　卷材防水施工工艺流程

（2）施工要点

1）基层处理（图2-38）

确认基层相连接的各类管道、地漏、预埋件、设备支座等已安装牢固。管根、地漏与基层交接部位，预留宽10mm、深10mm的环形凹槽，槽内嵌填柔性密封材料。穿越楼板的管道应设置防水套管，高出装饰层完成面20mm以上，套管与管道间采用柔性防水密封材料嵌填压实。基层找坡符合设计要求，如设计无明确要求，应符合下列规定：地面向地漏处排水坡度应为1%；地漏边缘向外50mm范围内排水坡度为5%；大面积的厕浴间地面应分区，每一个分区设一个地漏，区域内排水坡度为1%，坡度直线长度不大于3m等。阴、阳角部位采用水泥砂浆做成半径10mm的圆弧形。湿区、半干区、干区的分隔处应采用水泥砂浆制作高度为50mm的止水坎。

施工前应先对基层进行检查、验收，确保基层表面坚实、平整、干燥，无空鼓、浮浆、起砂、裂缝等现象。如混凝土表面有水泡、气孔、蜂窝、麻面等，可先剔到实处后，采用1：3水泥砂浆或掺水泥量15%的聚合物水泥砂浆进行修补。表面的凸起物及附着在基层表面的颗粒杂质等需要铲除并清扫。如基层表面有油污、铁锈等，要采用钢丝刷、砂纸或有机溶剂进行彻底清洗。

2）聚合物水泥防水粘结料配制

严格按产品说明书规定的比例对聚合物水泥防水粘结料进行配制，其中用水量按不同施工部位（如阴阳角或大面积基层）及基层潮湿状态进行调整。

配制时将专用胶放置于洁净的干燥容器中，边加水边搅拌至专用胶全部溶解，然后加入水泥继续搅拌均匀，直至浆液无凝结块体不沉淀时即可使用。每次配料必须按作业面工程量预计数量配制，聚合物水泥粘结料宜于4h内用完，剩余的粘结料不得随意加水使用。

3）防水卷材粘贴

图2-38　基层处理

聚乙烯丙纶卷材-聚合物水泥复合防水施工应遵循先细部后大面的原则。将卷材按管的直径进行裁切（尺寸为管径的尺寸加 200mm 的方形），正中间按管的直径掏空，套置在管外侧。将聚合物水泥粘结料涂刮在基层上，粘结料应涂刮均匀，不露底、不堆积，厚度不小于1.3mm（图 2-39～图 2-42）。卷材采用满粘法粘贴在基层表面，粘贴应牢固，粘贴率不小于90％。

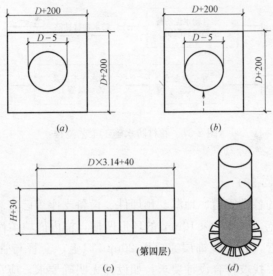

图 2-39　管根防水卷材裁切方法（mm）

图 2-40　阴角防水做法节点（mm）　　　　图 2-41　管根防水做法节点（mm）

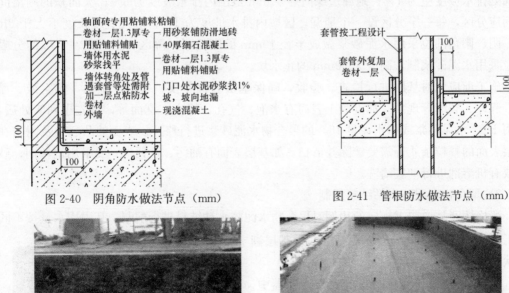

图 2-42　卷材粘贴

4）嵌缝封边

卷材的搭接缝应粘结牢固，封闭严密，并增铺一层 100mm 宽的聚乙烯丙纶复合防水卷材条进行封口处理。

5）第一次蓄水试验

防水层施工完成后，待涂膜表面完全固化后，进行蓄水试验。楼、地面蓄水高度不应小于 20mm，蓄水时间不少于 24h。验收合格后，做好隐蔽工程验收记录（图 2-43）。

6）防水保护层及饰面层施工

蓄水试验、检查验收合格后，在涂膜防水层表面铺设一层厚度不小于 20mm 的水泥砂浆保护层。保护层养护完成后，根据设计要求，铺设饰面层。

图 2-43　蓄水试验

7）第二次蓄水试验

饰面层施工完成后，进行第二次蓄水试验。第二次蓄水试验的步骤与要求，同第一次蓄水试验。

3. 验收标准

（1）主控项目

防水细部构造处理应符合设计要求，施工完毕立即验收，并做隐蔽工程记录。

聚乙烯丙纶卷材及其粘结材料、配套材料的质量、品种、配合比等均应符合设计要求和国家现行有关标准的规定。施工单位应提供材料检测报告、材料进入现场的复验报告及其他存档资料。

复合防水层厚度应符合设计要求。

卷材粘贴牢固、嵌缝严密，不得有翘边、开裂及鼓泡等现象。

竣工后的防水层不得有积水和渗漏现象，地面排水必须畅通。

（2）一般项目

卷材铺贴表面应平整无皱折、搭接缝宽度一致，卷材与粘结材料的复合防水层厚度等均应符合设计要求。

4. 质量通病预防（表 2-18）

常见卷材防水质量通病及预防措施　表 2-18

序号	质量通病	通病图片	预防措施
1	卷材层出现空鼓、松动、起砂和脱皮现象		（1）卷材铺贴前对基层进行处理，不得有蜂窝、麻面、起砂等现象。 （2）控制基层含水率。 （3）卷材粘结层涂刷厚度均匀，不得漏刷

序号	质量通病	通病图片	预防措施
2	卷材防水层的搭接缝有皱褶、翘边和鼓包等现象		(1)基层铺贴前对基层进行处理,铺贴前不得有未清除的油污、杂物等。 (2)卷材粘结层涂刷厚度均匀,不得漏刷。 (3)粘结材料应控制好使用时间,未用完的粘结材料不得加水后再次使用。 (4)卷材粘贴时应整齐、平顺,铺贴完成后应认真检查
3	卷材的铺贴方向应正确,卷材搭接宽度不符合要求		(1)铺贴前进行交底,铺贴完成后应认真检查。 (2)铺贴前做好找坡,并进行标记,铺贴时沿水流方向依次搭接

5. 成品保护及安全注意事项

(1)厨房、厕浴间根据施工条件应有照明和通风设施。

(2)厨房、厕浴间防水施工现场应配备防火器材,注意防火、防毒。

(3)操作人员必须保护已做好的防水层,按规程规定的施工程序及时做好保护层。在施工保护层之前,任何人员不得进入施工现场,以免损坏防水层。

(4)地漏等排水管口要防止杂物堵塞,以确保排水畅通。

(5)防水层作业过程中尽量保护成品完整,禁止现场人员在工作面上乱踩,或尖锐器具扎破防水层,如发现有破损之处应及时修补。

(6)施工时,不允许防水材料污染已做好饰面的墙壁、卫生洁具等。

(7)质量验收完毕,厨房、厕浴间防水工程竣工时应封闭室门,保持完整工程交下一工序接收,不得随意凿眼打洞破坏防水层。

(8)应建立安全生产责任制,对作业人员进行安全施工教育。作业人员必须严格遵守施工现场的各项安全规章制度,严格按操作规程施工。施工人员进入现场必须戴安全帽,作业人员要配备相应的劳保用品。

(9)各种防水材料应设专人负责保管。严禁使用不合格材料及施工机具。

(10)使用电器设备时,应首先检查电源开关,机具设备(电动搅拌器等)使用前应先试运转,确定无误后,方可进行作业。

(11)施工完毕后,应做到工完、料净、场清。经检查无渗漏和隐患后再撤离现场。

任务 2.5.2　涂 刷 防 水

[实训要求]

熟悉涂刷防水的基本构造知识。

掌握涂刷防水施工工具的操作使用。

掌握涂刷防水的施工工艺。

住宅室内防水工程不得使用溶剂型防水涂料。聚氨酯防水涂料虽属于溶剂型防水涂料，但因其并非靠溶剂挥发成膜，且溶剂含量不大，故住宅室内可以使用聚氨酯防水涂料。

本任务为厕浴间单组分聚氨酯防水涂料施工实训。

1. 前期准备

（1）图纸及施工文件准备

详见任务 2.5.1 卷材防水的 1. 前期准备的（1）图纸及施工文件准备。

（2）材料准备

1）单组分聚氨酯防水涂料是以异氰酸酯、聚醚等为主要原料，配以各种助剂制成的反应型柔性防水涂料。涂料应符合国家标准《聚氨酯防水涂料》GB/T 19250 的规定，其主要物理性能指标应符合表 2-19 的规定。

单组分聚氨酯防水涂料主要物理性能　　　　　　　　　　表 2-19

项　　目		性能要求		
		Ⅰ型	Ⅱ型	Ⅲ型
固体含量(%,≥)		85		
拉伸强度(MPa,≥)		2.00	6.00	12.00
断裂伸长率(%,≥)		500	450	250
不透水性		0.3MPa,120min,不透水		
低温弯折性		−35℃,无裂纹		
干燥时间	表干时间(h,≤)	12		
	实干时间(h,≤)	24		
粘结强度(MPa,≥)		1.0		

注：产品按基本性能分为Ⅰ型、Ⅱ型、Ⅲ型。

2）防水涂料应有产品合格证书、出厂检验报告。

3）产品包装完好无损，且标明涂料名称、生产日期、生产厂家、产品有效期等。

4）防水涂料应按规定抽样复验合格，并有相应的检验报告。

（3）现场准备

详见任务 2.5.1 卷材防水的 1. 前期准备的（3）现场准备，不同之处是基面无需喷水潮湿。

（4）主要机具

1）电（气）动工具：搅拌器等。

2）手动工具：配料容器、刮板、滚刷、毛刷、压辊、清扫工具等。

2. 工艺流程及施工要点

（1）工艺流程（图 2-44）

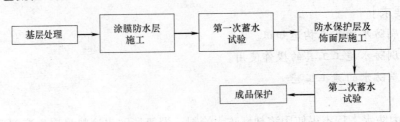

图 2-44　涂刷防水施工工艺流程

（2）施工要点

1）基层处理

详见任务 2.5.1 卷材防水的 2. 工艺流程及施工要点的（2）施工要点的 1）基层处理。

2）涂膜防水层施工（图 2-45）

进行大面积施工前，在阴、阳角，管道、地漏、预埋件、设备支座等部位均匀的涂刷一层聚氨酯防水涂料作为防水附加层。待表面干燥固化后，再进行大面积涂刷。聚氨酯涂料防水施工应遵循薄涂、多遍的原则。先在待施工界面上均匀地薄涂一层聚氨酯防水涂料作为防水底涂，涂布量一般在 $0.3kg/m^2$ 左右为宜。防水底涂干燥固化后，进行后续的涂膜防水施工。涂膜防水施工应遵循先立面后平面的原则。一般情况下，平面基层以涂刷 3～4 度为宜，每度涂布量为 $0.6～0.8kg/m^2$；立面基层以涂刷 4～5 度为宜，每度涂布量为 $0.5～0.6kg/m^2$。防水涂膜的总厚度以立面不小于 1.2mm，平面不小于 1.5mm 为合格。最后一度涂膜后，在固化前，应及时撒上少许干净的、粒径 2～3mm 的砂子。每一度涂膜防水层的涂刷方向应互相垂直，涂刷的质量以平整、密实，无裂缝、起泡、分层、流坠等为合格标准。涂刷时，墙面涂刷高度应符合设计要求。

图 2-45　聚氨酯涂膜防水施工

3）第一次蓄水试验

防水层施工完成后，待涂膜表面完全固化后，进行蓄水试验。楼、地面蓄水高度不应小于 20mm，蓄水时间不少于 24h。经 24h 蓄水试验，无渗漏现象，排水后无积水，排水坡向正确，排水畅通，符合设计及规范要求，试验结果合格后，做好隐蔽工程验收记录（图 2-46）。

4）防水保护层及饰面层施工

蓄水试验、检查验收合格后，在涂膜防水层表面铺设一层厚度不小于 20mm 的水泥砂浆保护层。保护层养护完成后，根据设计要求，铺设饰面层。

5）第二次蓄水试验

图 2-46　蓄水试验

　　饰面层施工完成后，进行第二次蓄水试验。第二次蓄水试验的步骤与要求，同第一次蓄水试验。

　　3. 验收标准

　　（1）主控项目

　　防水材料、密封材料、配套材料的质量应符合设计要求，计量、配合比应准确。

　　在转角、地漏、伸出基层的管道等部位，防水层的细部构造应符合设计要求。

　　防水层的平均厚度应符合设计要求，最小厚度不应小于设计厚度的 90％。

　　密封材料的嵌填宽度和深度应符合设计要求。

　　密封材料嵌填应密实、连续、饱满，粘结牢固，无气泡、开裂、脱落等缺陷。

　　防水层不得渗漏。

　　（2）一般项目

　　聚氨酯防水层与基层粘结牢固，表面平整，涂刷均匀，不得有流淌、皱折、鼓泡、露胎体和翘边等缺陷。

　　密封材料表面应平滑，缝边应顺直，周边无污染。

　　密封接缝宽度的允许偏差应为设计宽度的 ±10％。

　　竣工后的防水层不得有积水和渗漏现象，地面排水必须畅通。

　　4. 质量通病预防（表 2-20）

　　5. 成品保护

　　（1）操作人员必须保护已做好的涂膜防水层，并及时做好保护层。在施工保护层以前，非防水施工人员不得进入施工现场，以免损坏防水层。

常见涂刷防水通病及预防措施　　　　　　　　　　　　　　　　表 2-20

序号	质量通病	通病图片	预防措施
1	气孔		（1）少加或不加稀释剂。 （2）按产品说明书规定的稀释剂种类、比例配制防水涂料且应搅拌均匀

序号	质量通病	通病图片	预防措施
2	开裂		（1）涂刷涂膜防水层前确保基层干燥。 （2）少加或不加稀释剂。 （3）按产品说明书规定的稀释剂种类、比例配制防水涂料且应搅拌均匀
3	脱层		对基层起砂、浮灰等进行处理

（2）地漏要防止杂物堵塞，确保排水畅通。

（3）施工时，不允许涂膜材料污染已做好饰面的墙壁、卫生洁具、门窗等。

（4）材料必须密封储存于阴凉干燥处，严禁与水接触。存放材料地点和施工现场必须通风良好。

（5）存料、施工现场严禁烟火。

单元 3 墙 面 工 程

项目 3.1 抹灰工程施工实训

墙面装饰抹灰是在一般抹灰的基础上发展起来的一种早期的墙面装饰做法。装饰抹灰利用材料的特点与抹灰技术和艺术处理相结合的方法,使抹灰面层具有线条丰富、颜色、纹理质感多样的自然美观的装饰效果。装饰抹灰一般是在中层抹灰基础上做出不同罩面装饰层而成。装饰抹灰根据所用材料、施工方法和装饰效果的不同有拉毛灰、洒毛灰、搓毛灰、扒拉灰、扒拉石、拉条灰、仿石抹灰和假面砖等水泥石灰类装饰抹灰;有彩色砂浆的弹涂喷涂以及水泥石粒类装饰抹灰。从装饰工程施工实际看,水泥石灰类装饰抹灰、彩色砂浆弹涂、喷涂装饰已基本不再采用。一些工业建筑和三级及三级以下的小型公共建筑还在应用水泥石粒类装饰抹灰。水泥石粒类装饰抹灰包括水刷石、干粘石、剁假石(剁斧石)、现制水磨石和机喷石等。

任 务 装 饰 抹 灰

[实训要求]

熟悉装饰抹灰的各种分类。

掌握装饰抹灰工具的使用方法。

掌握装饰抹灰的步骤与技巧。

本任务以混凝土墙面基层的水刷石为例介绍装饰抹灰施工。

水刷石是用 5mm 左右的石渣拌制砂浆作为面层,在初凝时,用水喷刷表面,使碎石渣露而不落的一种装饰抹灰形式。

1. 前期准备

(1)图纸及施工文件准备

1)仔细听取项目施工技术负责人(或设计师)所做的图纸及技术交底,对已批准的设计图纸及深化图纸进行研读,检查施工方案的完整性、合理性,熟悉材料的性能和要求。对深化图纸与现场进行复核,发现问题及时反馈给深化设计人员。

2)了解图纸内容,熟悉产品的品种、规格、颜色性能和要求,墙面处理方法以及环保要求等。

3)安装施工前熟悉施工方案并已接受施工交底,熟知施工中需要注意的事项,包括技术要点、质量要求、安全文明施工、成品保护等。

（2）材料准备

水泥进场时应对品种、强度等级、包装或散装仓号、出厂日期等进行检查。硅酸盐水泥、普通硅酸盐水泥，其强度等级不低于 42.5 级。材料需符合《水泥胶砂强度检验方法》GB/T 17671 规定的验收标准。应分批对水泥强度、凝结时间、安定性进行复查。当在使用中对水泥质量有怀疑或水泥出厂超过三个月（快硬硅酸盐水泥超过一个月）时，应进行复验，并按复验结果确定是否使用。不同品种的水泥不得混合搅拌使用。水泥进场后，应做好防潮和防雨措施。

砂宜用中砂，不得含有有害杂质，含泥量不应超过 3%，且不应含有 4.75mm 以上粒径的颗粒，并应符合现行行业标准《普通混凝土用砂、石质量及检验方法标准》JGJ 52 的规定。人工砂、山砂及细砂应经试配试验证明满足要求后再使用。

石渣应颗粒坚实、整齐、均匀、颜色一致，不含黏土及有机物质。石渣的规格、颗粒级配等应符合规范和设计要求。一般中八厘为 6mm，小八厘为 4mm，使用前应用清水洗净，按不同规格、颜色分堆晾干后，用苫布苫盖或装袋堆放。施工采用彩色石渣时，要求采用同一品种，同一产地的产品，宜一次进货备足。

应采用耐碱性和耐光性较好的矿物质颜料，使用时采用同一配比与水泥干拌均匀，装袋备用。

（3）现场准备

1）水平基准线，如 0.5m 线或 1.0m 线等，经过仪器检测，其误差应在允许范围以内。

2）涂抹砂浆时，室内环境温度不宜低于 5℃。

3）水电、设备及其管线已敷设完毕，隐蔽验收已完成。

4）需进行防水施工的部位，蓄水试验合格，隐蔽验收已完成。

5）施工现场临时电条件具备。

（4）机具准备

1）电（气）动工具：水泥砂浆搅拌机、水泥石渣浆搅拌机、喷雾器。

2）手动工具：分格条、刮杠、钢抹子、木抹子、水平检测尺、垂直检测尺、角尺和阴阳角抹子等。

2. 工艺流程及施工要点

（1）工艺流程（图 3-1）

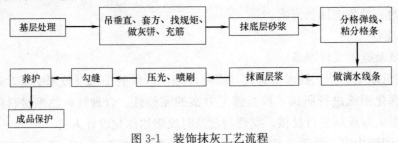

图 3-1 装饰抹灰工艺流程

（2）施工要点

1）基层处理

施工前应先对基层进行检查、验收,确保基层表面坚实、平整、干燥,无空鼓、浮浆、起砂、裂缝等现象。如混凝土表面有水泡、气孔、蜂窝、麻面等,可先剔到实处,采用 1:3 水泥砂浆或掺水泥量 15% 的聚合物水泥砂浆进行修补。表面的凸起物及附着在基层表面的颗粒杂质等需要铲除并清扫。用钢纤将混凝土墙面均匀凿毛,并将板面酥松部分剔除干净,用钢丝刷将粉尘刷掉,用清水湿润并冲洗干净。如基层表面有油污、铁锈等,要采用 10% 的火碱水将混凝土表面油污清刷干净并及时清水冲洗晾干。基层清理完成后应进行提前湿润,在表面涂刷素水泥浆或混凝土界面剂一道。

2)吊垂直、套方、找规矩、做灰饼、充筋

根据建筑高度确定放线方法,高层建筑可利用墙大角、门窗口两边,用经纬仪打直线找垂直。多层建筑时,可从顶层用大线坠吊垂直,绷铁丝找规矩,横向水平线可依据楼层标高或 0.5m 线为水平基准线交圈控制,然后按抹灰操作层抹灰饼,做灰饼时应注意横竖交圈,以便操作。每层抹灰时以灰饼做基准充筋,使其横平竖直。

3)抹底层砂浆

先刷一道胶黏性素水泥浆,用 1:3 水泥砂浆分层抹底层砂浆。抹砂浆的高度参考冲筋高度,保证与冲筋齐平。用刮杠刮平,木抹子搓毛或搓出花纹。每层抹灰的厚度一般控制在 5~7mm。

4)分格弹线、粘分格条

根据图纸要求弹线分格、粘分格条。分格条粘贴前应用水充分浸透,粘贴时在分格条两侧用素水泥浆抹成 45°八字坡形。粘分格条时注意竖条应粘在所弹立线的同一侧,防止左右乱粘,出现分格不均。分格条粘好后待底层灰呈七八成干后可抹面层灰。

5)做滴水线条

在抹檐口、窗台、窗眉、阳台、雨篷、压顶和突出墙面的腰线以及装饰凸线时,应将其上面做成向外的流水坡度,严禁出现倒坡,下面做滴水线(槽)。窗台上面的抹灰层应深入窗框下坎裁口内,堵塞密实,流水坡度及滴水线(槽)距外表面不小于 40mm,滴水线深度和宽度一般不小于 10mm,并应保证其流水坡度方向正确。

6)抹面层浆

待底层灰六七成干时首先将墙面润湿,涂刷一层素水泥浆,然后开始用钢抹子抹面层石渣浆。按设计要求或根据使用要求及地理环境条件合理配制石渣浆。抹石渣浆时应自下往上分两遍抹,并及时用靠尺或小杠检查平整度(抹石渣层高于分格条 1mm 为宜),有坑凹处要及时填补,边抹边拍打揉平,抹好石渣灰后应轻轻拍压使其密实。门窗旋脸、窗台、阳台、雨罩等部位水刷石施工时,应先做小面,后做大面,刷石喷水应由外往里喷刷,最后用水壶冲洗,以保证大面的清洁美观。当大面积墙面做水刷石一天不能完成时,在继续施工冲刷新活前,应将前面施工的刷石用水淋湿,以备喷刷时粘上水泥浆后便于清洗,防止对原墙面造成污染。施工槎子应留在分格缝上。抹阳角时先弹好垂直线,然后根据弹线确定的厚度抹阳角石渣灰。抹阳角时,要使石渣灰浆接槎正交在阳角的尖角处。阳角卡靠尺时,要比上段已抹完的阳角高 1~2mm。喷洗阳角时要骑角喷洗,并注意喷水角度,同时喷水速度要均匀,特别注意喷刷深度。

7)压光、喷刷

将分格条块内的石渣浆面层拍平压实，并将内部的水泥浆挤压出来，压实后尽量保证石渣大面朝上，再用铁抹子溜光压实，反复 3～4 遍。拍压时要特别注意阴阳角部位石渣饱满，以免出现黑边。待面层初凝时（指捺无痕），用水刷子刷不掉石粒为宜。然后开始刷洗面层水泥浆，喷刷分两遍进行，第一遍先用毛刷蘸水刷掉面层水泥浆，露出石粒；第二遍紧随其后用喷雾器将四周相邻部位喷湿，然后自上而下顺序喷水冲洗，喷头一般距墙面 100～200mm，喷刷要均匀，使石子露出表面 1～2mm 为宜。最后用水壶从上往下将石渣表面冲洗干净，冲洗时不宜过快，同时注意避开大风天，以避免墙面污染。若使用白水泥砂浆做水刷石墙面，在最后喷刷时，可用草酸稀释液冲洗一遍，再用清水洗一遍，墙面更显洁净、美观。

8）勾缝

喷刷完成后，待墙面干燥后，小心将分格条取出，然后根据要求用线抹子将分格缝溜平、抹顺直。

9）养护

待面层达到一定强度后可喷水养护，防止脱水、收缩，造成空鼓、开裂。

3. 验收标准

（1）主控项目

抹灰前基层表面的尘土、污垢、油渍等应清除干净，并洒水湿润。

装饰抹灰所用材料的品种和性能应符合设计要求。水泥的凝结时间和体积安定性复验应合格。砂浆的配合比应符合设计要求。

抹灰工程应分层进行。当抹灰总厚度大于或等于 35mm 时，应采取加强措施。不同材料基体交接处表面的抹灰，应采取防止开裂的加强措施，当采用加强网时，加强网与各基体的搭接宽度不应小于 100mm。

各抹灰层之间及抹灰层与基体之间必须粘结牢固，抹灰层应无脱层、空鼓和裂缝。

（2）一般项目

水刷石表面应石粒清晰、分布均匀、紧密平整、色泽一致，应无掉粒和接茬痕迹。

装饰抹灰分格条（缝）的设置应符合设计要求，宽度和深度应均匀，表面应平整、光滑，棱角应整齐。

有排水要求的部位应做滴水线（槽）。滴水线（槽）应整齐顺直，滴水线应内高外低，滴水槽的宽度和深度均不应小于 10mm。

（3）允许偏差项目（表 3-1）

装饰抹灰的允许偏差和检验方法　　　　　　　　　　　表 3-1

项　　目	允许偏差（mm）				检验方法
	水刷石	斩假石	干粘石	假面砖	
立面垂直度	5	4	5	5	用 2m 垂直检测尺检查
表面平整度	3	3	5	4	用 2m 靠尺和塞尺检查
阳角方正	3	3	4	4	用直角检测尺检查
分格条（缝）直线度	3	3	3	3	拉 5m 线，不足 5m 拉通线，用钢直尺检查
墙裙、勒脚上口直线度	3	3	—	—	拉 5m 线，不足 5m 拉通线，用钢直尺检查

4. 质量通病预防（表 3-2）

常见装饰抹灰质量通病及预防措施 表 3-2

序号	质量通病	通病图片	预防措施
1	喷涂抹灰花纹不匀,局部出现流淌,接茬明显		(1)基层应干湿一致。 (2)脚手架距墙应不小于 300mm。 (3)喷涂时,喷枪应垂直墙面,喷嘴口径、空压机压力应保持不变。 (4)喷涂时应及时向喷斗加浆,防止斗内底部稀浆喷至墙面。 (5)喷涂应连续作业,不到分格缝处不得停歇
2	局部泛白		(1)砂浆的配合比和稠度必须严格掌握。 (2)基层材质应一致。墙面凹凸及缺棱掉角处应在喷涂前填补平整。 (3)雨天不得施工。冬期施工应注意防冻,注意防冻剂的选用,防止析白情况发生
3	花纹不匀		(1)拉毛时砂浆稠度应控制均匀。基层应平整,使灰浆薄厚一致。拉毛用力均匀,快慢一致,保证饰面花纹一致,颜色均匀。 (2)基层洒水湿润,要均匀浇透。 (3)操作时,严格按分格缝或工作段成活,不得任意停顿、甩茬
4	颜色不均匀		(1)选用耐光、耐碱的矿物性颜料。 (2)操作技术应熟练,做到动作快慢一致,有规律地进行。 (3)应按工作段或分格缝成活,不得中途停顿,造成不必要的接茬。 (4)基层表面应平整,干湿程度、粗糙程度一致,防止光滑部分色浆粘不住,粗糙部分色浆粘多等现象,造成饰面颜色不一致

5. 成品保护

（1）抹灰前将门、窗与墙间的缝隙按要求嵌填密实，成品门、窗应使用木板或贴膜保护。

（2）抹灰完成后应及时清洁墙、地面及门、窗处残留的砂浆。

（3）搬运材料、机具时，要防止碰撞、划伤墙面、门、窗等。

（4）施工人员不得踩踏窗台等已完工的部位。

（5）抹灰时墙面上的预埋件、线槽、线盒、预留洞口等应采取保护措施，防止堵塞。搭拆脚手架时应避免碰撞、划伤成品。

项目3.2 门窗安装施工实训

本项目以室内成品装饰木门（窗）的测量与安装为例，介绍门窗安装施工实训。

任务 木门（窗）测量与安装

[实训要求]

熟悉木门（窗）的构造知识。

掌握木门（窗）安装机具的操作使用。

掌握木门（窗）测量与安装的步骤与技巧。

1. 前期准备

（1）图纸及施工文件准备

1）认真听取项目施工技术负责人（或设计师）所做的图纸及技术交底，对已批准的设计图纸或深化图纸进行研读，检查其完整性、合理性，确定木门（窗）的设计要求，熟悉木门（窗）测量与安装的技术要求，熟悉产品的性能等。对现场进行复核，发现问题及时反馈给设计人员。

2）了解图纸应包含的内容：木门（窗）位置、设计尺寸、开启方向等，木门（窗）的安装顺序、安装方法及施工节点等，墙、顶、地面装饰材料的种类、安装方式等，木门（窗）五金种类、型号、安装方式等。

3）测量与安装施工前熟知施工方案并已接受施工交底，熟悉施工中需要注意的事项，包括技术要点、质量要求、安全文明施工、成品保护等。

（2）材料准备

1）木门（窗）加工制作的木材品种、类型、规格、尺寸、数量、开启方向、框扇线型等与设计图纸相符。

2）木门（窗）使用材料的产品合格证书、性能检测报告、进场验收记录等符合要求。木门（窗）所采用的人造木板的甲醛含量必须进行复验，合格后方可使用。

3）木门（窗）的含水率应控制在6%～13%，且比使用地区的木材年平衡含水率低1%～3%。

4）木门（窗）所使用的配件型号、规格、数量应符合设计要求，木门（窗）扇、框等处配件的开孔位置、尺寸、规格、数量等符合设计要求。

5）木门（窗）漆面的品种、类型、颜色及成品后外观效果等应符合设计要求，对照设计所提供的色板无明显色差。

6）木门（窗）表面平整，无污垢、裂纹、缺角、翘曲、起皮等表观缺陷。

（3）现场准备

1）水平基准线，如0.5m线或1.0m线等，经过仪器检测，其误差应在允许范围以内。

2）基层墙面的抹灰工程已经按设计要求完成。墙面的平整度、垂直度应进行检查，其平整度误差≤3mm，垂直度误差≤3mm。

　　3）经仪器检测，基层含水率不大于 8％。

　　4）室内环境温度不宜低于 5℃。

　　5）施工现场具备临时用电条件。

　　（4）机具准备

　　1）电（气）动工具：电动圆锯、电动线锯机、冲击钻、电动螺丝刀、电动砂轮机、小型型材切割机、手持式修边机、空气压缩机、气动钉枪、手持式低压防爆灯、红外线激光仪等。

　　2）手动工具：锯、刨、锤、胶枪、凿、钢直尺、钢卷尺、直角尺、2m 靠尺、墨线等。

　　3）耗材：自攻螺钉、枪钉、麻花钻头、细齿锯片、批头、美工刀、铅笔等。

　　2. 工艺流程及施工要点

　　（1）工艺流程

　　室内成品装饰木门（窗）的测量与安装施工工艺流程如图 3-2 所示。

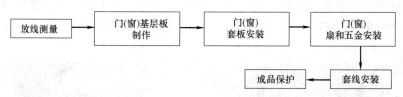

图 3-2　室内成品装饰木门（窗）的测量与安装工艺流程

　　（2）施工要点

　　1）放线测量（图 3-3）

　　根据已放好的控制线确定门（窗）安装的中轴线（即安装位置线），根据中轴线、1.0m 水平线及门（窗）的定位尺寸和规格尺寸等确定门（窗）的完成面尺寸。确定尺寸后，检查门（窗）基层的形位尺寸偏差是否符合安装要求，对不符合安装要求的基层进行处理。

　　2）门（窗）基层板制作（图 3-4）

　　检查门（窗）基层是否牢固，对于基层疏松、不符合安装要求的基层，需进行补强处理。

　　在墙面两侧边离门（窗）框 100mm 内用冲击钻开 ϕ9mm、深 30～70mm 的孔，孔的间距不大于 300mm。孔内安装 ϕ8mm 膨胀螺栓，在膨胀螺栓上固定 L 形铁片连接件的一边，L 形铁片连接件另一边用自攻螺丝固定 12mm 厚多层板。基层板与基层间的缝隙用1：3 水泥砂浆或腻子粉堵实。安装完成后，检查门（窗）基层板安装的尺寸、牢固度。

　　3）门（窗）套板安装（图 3-5）

　　核对门（窗）套板与基层尺寸，在地面组装门（窗）套板。套板的拼角处需要进行加固处理。将组装好的套板立起，按设计图纸和深化图纸要求的位置、方向推入门（窗）洞口处。检查安装位置、垂直度、对角线长度等无误后，用木楔进行临时固定。木楔应分别从顶、地、侧固定，门（窗）内、外两侧木楔应同步固定，保证门（窗）套板不发生位

图 3-3　基层测量

图 3-4　基层板制作

移。套板与门（窗）基层间的缝隙应在 5～10mm 之间。在缝隙间均匀地、密实地填入聚氨酯泡沫填缝剂，注胶前应先摇均填缝剂，填缝时注胶管应从里到外，缓慢地、匀速地注胶，避免产生空洞。注胶后至少 2h（最好 24h）之后，待泡沫填缝剂初步固化后再抽出木楔。

图 3-5　套板安装

4）门（窗）扇和五金安装

按设计图纸和深化图纸核对门（窗）的开启方向、安装位置、五金型号及对开门（窗）扇裁口的位置等是否符合要求。检查门（窗）套板内口的形位尺寸是否符合门（窗）扇安装要求。

有条件的情况下，合页槽孔的位置一般在工厂加工时预制好，现场核对槽孔位置符合要求后，用小一号的钻头在门（窗）套板、门（窗）扇上分别打孔。合页安装时一般采取"套三扇二"的方式固定。固定时，应先将合页固定在门（窗）扇上，再将门（窗）扇固定到门（窗）套板上。开合门（窗）扇，核对门（窗）扇四面留置的缝隙是否符合要求。如需要安装隐藏式闭门器，应在未安装门扇前先将液压缸体安装在门扇上，门套板上安装导向槽时应先对相应位置进行加固。五金安装应按设计图纸要求，不得遗漏。门锁、拉手等距地高度为 950～1000mm。

　　5）套线安装（图 3-6）

　　按要求长度截取套线。使用型材切割机截取套线，尤其是 PE 漆面时，应先在切割处贴敷美纹纸并画线，再进行切割。如需要 45°对角切割时，应刨修切割面，并确保拼角处连接牢固。将套线插入套板上的插槽中，直至套线与墙面贴合紧密。

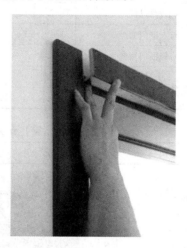

图 3-6　套线安装

　　3. 验收标准

　　（1）主控项目

　　木门（窗）所使用的材料品种、材质等级、规格、尺寸、框扇线型及人造木板的甲醛含量应符合要求。

　　木门（窗）的含水率应控制在 6%～13%，且比使用地区的木材年平衡含水率低 1%～3%。

　　木门（窗）的防火、防腐、防虫处理应符合设计要求。

　　胶合板门、纤维板门和模压门不得脱胶。横楞和上、下冒头应各钻两个以上的透气孔，透气孔应通畅。

　　（2）一般项目

　　木门（窗）表面平整，无污垢、裂纹、缺角、翘曲、起皮等表观缺陷。

　　木门（窗）的割角、拼缝应严密平整。门（窗）框、扇裁口应顺直。

　　木门（窗）上的槽、孔应边缘整齐，无毛刺。

　　（3）允许偏差项目（表 3-3）

　　4. 质量通病预防（表 3-4）

　　5. 成品保护

　　（1）门（窗）框、扇进场后应妥善保管，入库存放。存放时，下方应平整并垫起至少 200mm，按使用先后顺序码放整齐。露天临时存放时，上方应用苫布盖好，防止雨淋。

木门（窗）安装允许偏差和检验方法　　　　　　　　表 3-3

项　目	留缝限值(mm)		允许偏差(mm)		检验方法
	普通	高级	普通	高级	
门(窗)槽口对角线长度差	—	—	3	2	用钢尺检查
门(窗)框的正、侧面垂直度	—	—	2	1	用1m垂直检测尺检查
框与扇、扇与扇接缝高低差	—	—	2	1	用钢直尺和塞尺检查
门(窗)扇对口缝	1~2.5	1.5~2	—	—	
门(窗)扇与上框门留缝	1~2	1~1.5	—	—	
门(窗)扇与侧框门留缝	1~2.5	1~1.5	—	—	用塞尺检查
门扇与地面间留缝　内门	5~8	6~7	—	—	
门扇与地面间留缝　卫生间门	8~12	8~10	—	—	

常见木门（窗）安装质量通病及预防措施　　　　　　　　表 3-4

序号	质量通病	通病图片	预防措施
1	门扇破损		(1)运输、安装过程中避免磕碰。 (2)安装完成后做好门扇的成品保护工作,用硬质材料对边角进行包覆处理
2	门套线变形与墙面缝隙过大		安装前确保门套线基层平整度符合规定
3	防撞条安装不牢固		防撞条采取可靠的固定措施固定

（2）已安装木门（窗）框的洞口，不宜用做运输通道。如必须用做运输通道时，应使用硬质护角保护，高度不低于 1.5m。

（3）门（窗）五金，如门锁等，应采取包覆处理。

（4）门（窗）在安装后应立即进行保护，尤其是墙面抹灰施工未进行前，应在门（窗）表面覆一层塑料保护薄膜，边角处用美纹纸固定牢固。对于用于施工通道的门套板的边角应使用护角板进行保护。对于门（窗）外露五金最好用 EPE 保护膜（珍珠棉）或硬质纸板进行包覆处理（图 3-7）。

图 3-7 成品保护

项目 3.3 轻质隔墙施工实训

隔墙是指分隔建筑空间的墙体构件，主要用于室内空间的垂直分隔。隔墙是分隔建筑物内部的非承重构件，隔墙的构造组成要求自重轻、厚度薄。轻质隔墙包括板材隔墙、骨架隔墙、活动隔墙、玻璃隔墙等。骨架隔墙在装饰装修中使用较广泛，骨架隔墙包括木龙骨骨架隔墙、轻钢龙骨骨架隔墙、钢龙骨骨架隔墙、铝合金龙骨骨架隔墙等。本任务主要介绍轻钢龙骨隔墙的制作安装。

任务 轻钢龙骨隔墙制作安装

[实训要求]

熟悉轻钢龙骨隔墙的基本构造知识。

掌握轻钢龙骨隔墙安装的步骤与要点。

掌握轻钢龙骨隔墙安装机具的操作使用。

轻钢龙骨是以连续热镀锌钢带作原料，采用冷弯工艺生产的薄壁型钢。轻钢龙骨隔墙，是以轻钢隔墙龙骨为骨架，以纸面石膏板、水泥纤维板、人造木板等为墙面板的隔墙，通过构造满足隔声、防火、防潮等功能。

1. 前期准备

（1）图纸及施工文件准备

1）对已批准的设计图纸及深化图纸进行研读，检查图纸的完整性、合理性，熟悉产品的性能和要求。对图纸进行现场复核，发现问题及时反馈给深化设计人员。

2）了解图纸应包含的内容：材料的数量、品种、规格、颜色、性能和加工要求等，隔墙饰面板的燃烧性能等级，预埋件和连接件的数量、规格、位置、防腐处理以及环保要求，隔墙的尺寸、节点构造做法、收口收头方式。

3）安装施工前已熟知施工方案并已接受施工交底，熟知施工中需要注意的事项，包括技术要点、质量要求、安全文明施工、成品保护等。

4）熟悉相关规范、标准。

（2）材料准备

1）材料应有产品合格证书、性能检测报告、进场验收记录，有关隔声、隔热、阻燃、防潮等特殊要求，应有相应的性能等级检测报告，并标明商标、出厂日期、质量等级。

2）轻钢龙骨的规格、厚度及其配件应符合设计和现行标准《建筑用轻钢龙骨》GB/T 11981—2008 和《建筑用轻钢龙骨配件》JC/T 558—2007 的要求，不得有扭曲、腐朽现象。

3）人造木板游离甲醛的含量或游离甲醛释放量检测报告，应符合设计要求和相关标准的要求；甲醛等有害物质含量经现场见证取样复验合格；Ⅰ类民用建筑工程的室内装修，采用的人造木板必须达到 E1 级要求。

4）人造木板基层涂刷的防火涂料进场前应检查合格证、检验报告（图 3-8），并进行现场见证取样送检，待合格后方可使用。

图 3-8 防火涂料及检验报告

5）基层板材料中是否有腐朽、弯曲、脱胶、变色及加工不合格的部分，如果有，应剔除。

6）安装龙骨的紧固件应用镀锌制品，安装面板应用镀锌螺丝，预埋件应做防腐处理。

7）隔墙内填充的隔声、隔热材料的品种和铺设厚度应符合设计要求，并应有防散落措施。

（3）现场准备

1）水平基准线，如 0.5m 线或 1.0m 线等，经过复验，其误差应在允许误差以内。

2）设计要求隔墙有混凝土导墙时，应将混凝土导墙施工完毕，并达到设计强度后，方可进行轻钢骨架的安装。

（4）机具准备

1）电（气）动工具：冲击钻、射钉枪、电焊机、小型型材切割机、手持式修边机、空气压缩机、电动砂轮机、电动螺丝刀、手持电钻、开孔机、电动圆锯、电动线锯机等。

2）手动工具：铅垂线、水平管、墨斗、尼龙线、锤、扳手、锉刀、螺丝刀、美工刀、手动铆钉枪、激光水准仪、2m靠尺、钢直尺、塞尺、钢卷尺、直角检测尺、水平检测尺、垂直检测尺等。

3）耗材：拉铆钉、自攻螺钉、防锈漆、板缝腻子、板缝胶带等。

2. 工艺流程及施工要点

本书以轻钢龙骨纸面石膏板隔墙为例，介绍轻质隔墙施工工艺流程和施工要点。

（1）工艺流程（图3-9）

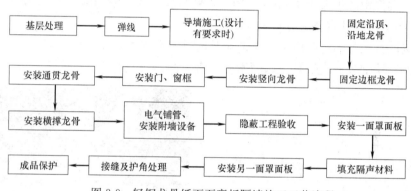

图3-9 轻钢龙骨纸面石膏板隔墙施工工艺流程

（2）施工要点

轻钢龙骨隔墙构造图如图3-10所示。

1）基层处理

主体结构经过相关单位检验合格后方可进行轻钢龙骨隔墙施工。检查水平基准线、轴线等是否已按要求标记好，误差在允许误差以内。安装现场应保持通风且清洁干燥，地面不得有积水、油污等，电气设备末端等必须做好成品保护措施。

2）弹线

根据深化图纸和现场的轴线、水平基准线等尺寸，确定隔墙的位置。

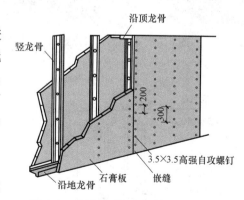

图3-10 轻钢龙骨隔墙效果图（mm）

① 根据基准线，在隔墙上下及两边墙体的连接处弹出隔墙中心线（图3-11）。

② 根据隔墙中心线，在隔墙上下及两边墙体的连接处弹出隔墙沿顶、沿地龙骨及边龙骨宽度边线（图3-12）。

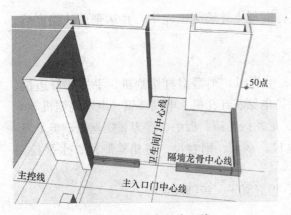

图 3-11　隔墙龙骨中心线

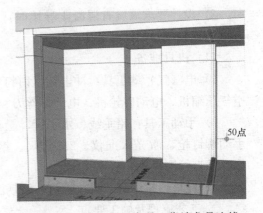

图 3-12　沿顶、沿地龙骨、靠墙龙骨边线

③ 在沿顶、沿地龙骨及边龙骨中心线上，根据固定点间距要求，确定固定点位置。固定点距龙骨端部距离不大于 100mm，固定点间距应不大于 600mm（图 3-13）。

3）导墙施工（设计有要求时）

当设计有混凝土导墙时，应先对楼地面基层进行清理，并涂刷界面剂一道，浇筑 C20 混凝土导墙。导墙上表面应平整，两侧面应垂直（图 3-14）。

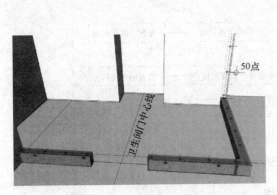

图 3-13　确定固定点位置

图 3-14　混凝土导墙

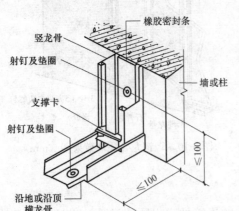

图 3-15　沿顶、沿地龙骨及边龙骨安装（mm）

4）固定沿顶、沿地龙骨

在沿地、沿顶龙骨与地面、顶面接触处，铺设橡胶垫条等。沿弹线位置固定沿顶、沿地龙骨，可用射钉或膨胀螺栓固定，固定点距龙骨端部距离不大于 100mm，固定点间距应不大于 600mm，龙骨对接处应保持平直（图 3-15、图 3-16）。

5）固定边框龙骨

沿弹线位置固定边框龙骨，龙骨的边线应与弹线重合。龙骨的端部应固定，固定点间距应不大于 1m，固定应牢固。边框龙骨与基体之

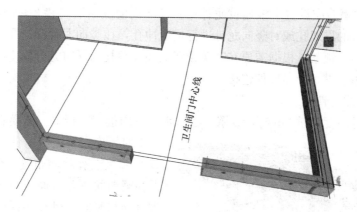

图 3-16　沿顶、沿地龙骨安装

间，应按设计要求安装密封条（图 3-17）。

6）安装竖向龙骨

竖向龙骨安装应垂直，龙骨间距应满足设计要求。

按设计要求，结合门（窗）洞位置，罩面板的长、宽分档，确定竖向龙骨位置、横撑龙骨及附加龙骨的位置。设计无要求时，其间距可按板宽确定。考虑板与板之间留缝 5～10mm，竖向龙骨间距一般为 400～600mm。将预先按照隔墙高度裁好的竖向龙骨推向横向沿顶、沿地龙骨之内，翼缘朝向板方向，与沿顶、沿地龙骨条用拉铆钉、自攻螺丝或咬合固定（图 3-18）。

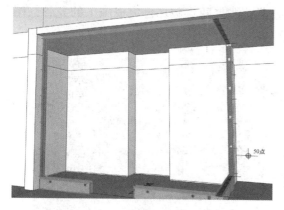

图 3-17　边框龙骨安装

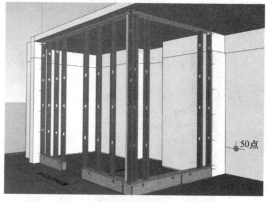

图 3-18　竖向龙骨安装

7）安装门、窗框

沿地龙骨在门洞位置断开。在门、窗洞口两侧竖向边框 150mm 处增设加强竖向龙骨。门、窗洞口上樘用横向龙骨制作，开口向上。上樘横向龙骨与沿顶龙骨之间插入不少于 2 根竖向龙骨，间距不大于其他竖向龙骨的间距，便于隔墙正反两面封板时错缝安装。门、窗洞口处的竖向龙骨安装应按照设计要求，如重量在 35kg 以下的轻型门扇可采用 2 根并用或扣加强龙骨的安装方法。如门的尺寸大且门扇较重时，应在门框外的上下左右增设斜撑或使用钢架基层。

8）安装通贯龙骨

低于3m的隔墙应设置1根通贯龙骨，3～5m高的隔断墙安装2～3根通贯龙骨。利用竖向龙骨原有的贯通孔或对竖向龙骨进行贯通冲孔，在竖向龙骨开口面安装卡托或支撑卡与通贯龙骨连接锁紧，根据需要在竖龙骨背面加设角托与通贯龙骨固定。通贯龙骨需要接长时，应采用通贯龙骨连接件连接。

9）安装横撑龙骨

当隔墙龙骨高度超过3m时，或罩面板的水平方向板端（接缝）未落在沿顶、沿地龙骨上时，应设置横撑龙骨。选用C型龙骨或U型龙骨作横向布置，利用卡托、支撑卡在竖向龙骨开口面或利用角托在竖向龙骨背面与竖向龙骨连接固定；也有部分产品用拉铆钉将U型横撑龙骨连接于竖向龙骨（图3-19）。

图3-19　横撑龙骨、贯通龙骨安装

10）电气铺管、安装附墙设备

电气铺管、附墙设备一般由专业安装人员进行安装。在隔墙施工过程中，电源开关插座、配电箱等小型或轻型设备末端等处应在竖向龙骨处预装水平龙骨及加固固定构件。消防栓、挂墙卫生洁具必须由机电安装单位另行安装独立钢支架，严禁将消防栓、挂墙卫生器具等设备直接安装在轻钢龙骨隔墙上。安装人员应按照图纸进行墙体暗装管线、线盒的施工，如需开孔，必须使用开孔器，严禁随意破坏已完成施工的龙骨（图3-20）。

图3-20　设备管线安装

11）隐蔽工程验收

隔墙龙骨安装完后，进行隐蔽工程验收并作记录。

① 检查龙骨是否有扭曲变形。

② 检查沿顶、沿地龙骨之间是否平行，是否有松动。

③ 检查管线是否有凸出外露。

④ 龙骨安装允许偏差项目及检验方法见表3-5。

龙骨安装允许偏差项目及检验方法表 表 3-5

项次	项目	允许偏差(mm)	检验方法
1	龙骨间距	≤3	用钢直尺或卷尺检查
2	竖龙骨垂直度	≤3	垂直检测尺
3	整体平整度	≤3	2m靠尺及楔形塞尺检查
4	附加设备、管道	是否外露和固定	目测或用2m靠尺检查

12）安装一面罩面板

根据要求尺寸丈量纸面石膏板并做出记号，使用美工刀将面纸划开，弯折纸面石膏板，从背面划断背纸，将石膏板铺放在龙骨框架上，对正接缝位置，隔墙两侧石膏板应错缝排列。用自攻螺钉将纸面石膏板固定在竖向龙骨上。纸面石膏板安装宜竖向铺设，即其长边（包封边）接缝应落在竖向龙骨上。自攻螺钉要沉入板材表面 0.5mm，不可损坏纸面。基层板钉距板边 400mm，板中 600mm，自攻螺钉距石膏板包封边距离 10～15mm，距离板面切割边 15～20mm，从中间向两端钉牢（图 3-21）。自攻螺钉进入轻钢龙骨内的长度以不小于 10mm。隔墙下端的纸面石膏板不应直接与地面接触，应留有 10mm 的缝隙。石膏板与结构墙应留有 5mm 缝隙，缝隙处用密封胶嵌实。

13）填充隔声材料

当设计保温或隔声材料时，应按设计要求的材料铺设。铺放墙体内的填充材料，应固定并避免受潮。安装时尽量与另一面纸面石膏板同时进行，填充材料应铺满铺平（图 3-22）。

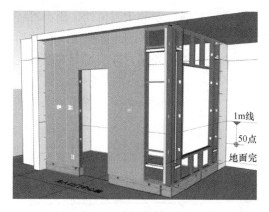

图 3-21 石膏板安装

图 3-22 保温隔声岩棉安装

对于有填充要求的隔断墙体，待穿线部分安装完毕，即先用胶粘剂按 500mm 的中距将岩棉钉固定在石膏板上，将岩棉等保温材料填入龙骨空腔内，用岩棉固定钉固定，并利用其压紧，每块岩棉板不少于 4 个岩棉钉固定。岩棉板要把管线裹实。隔声材料填充后应对其嵌填的质量进行验收。

14）安装另一面罩面板

装配的板缝与对面的板缝不得设置在同一根龙骨上。板材的铺钉操作及自攻螺钉钉距等与步骤 12）的要求相同。如设计为双层板罩面，其基层板铺钉安装后只需用石膏腻子填缝而不需进行贴穿孔纸带及嵌条等工作。面层板安装方法同基层面，但必须与基层板的板缝错开，接缝不得设置在同一根龙骨上。基层板与面层板应采用不同的钉距，错开铺钉。

15）接缝及护角处理

石膏板安装完成1天后方可进行嵌缝处理。石膏板接缝及护角处理施工的环境温度应在5～40℃。嵌缝前检查石膏板表面、接缝处不得有污物。

① 当面层纸面石膏板为楔形边时，石膏板接缝处的处理步骤

清洁板缝，用小刮刀将嵌缝石膏均匀饱满地嵌入板缝，嵌缝石膏基层宽度约100mm，随即贴上宽度50mm的穿孔纸带（需提前用水浸湿、浸透）或玻璃纤维网格胶带，使用刮刀顺贴带方向压刮，将多余的腻子从纸带或网孔中挤出使之平敷，要求刮实、刮平，不得留有气泡。第一层干透后，用刮刀嵌填第二层嵌缝石膏，嵌填宽度比嵌缝石膏基层面宽100mm。第二层干透后，再进行第三层嵌填，嵌填宽度比第二层宽100mm，第三层嵌缝石膏应将石膏板楔形边找平，并使表面光滑。待最后一层嵌填完全干燥后，将接缝处表面磨平（图3-23）。

当面层纸面石膏板为切割边时，应将嵌缝石膏基层宽度加宽100mm，其他步骤同上。

② 阴角处理的步骤

将阴角部位的缝隙嵌满嵌缝石膏，把穿孔纸带用折纸夹折成直角状后贴于阴角处，再用抹子压实；用阴角抹子在嵌缝带上抹一薄层嵌缝石膏，宽度比嵌缝带两边各宽约50mm；待完全干燥后，将表面磨平。

③ 阳角处理的步骤

阳角转角处应使用金属护角。将金属护角按墙角高度截断，安放于阳角处，用小钉将其临时固定，钉距不大于200mm。如板边是楔形边，要先刮平腻子，再上护角。在护角表面抹一层嵌缝石膏，将金属护角完全埋入嵌缝石膏中，使其不外露，嵌缝石膏宽度应比护角两边各宽出约30mm。待完全干燥后，将表面磨平。

墙面板安装完毕后，用刮刀将钉孔周围碎屑抹平，在钉孔处涂抹一层防锈漆，防锈漆干后，用密封胶或石膏填平所有钉孔（图3-24）。

3. 验收标准

图3-23 板缝胶带

图3-24 钉眼防锈漆

（1）主控项目

轻钢骨架和罩面板材质、品种、规格、式样应符合设计要求和施工规范的规定。

轻钢龙骨架必须安装牢固，无松动，位置准确。

罩面板安装必须牢固。

（2）一般项目

轻钢龙骨架应顺直，无弯曲、变形和劈裂。

罩面板无脱层、翘曲、折裂、缺楞掉角等缺陷。

罩面板表面应平整、洁净，无污染、麻点、锤印，颜色一致。

罩面板之间的缝隙或压条，宽窄应一致，整齐、平直，压条与接缝严密。

（3）允许偏差项目（表 3-6）

轻钢龙骨隔墙安装允许偏差和检验方法　　　　表 3-6

序号	项目	允许偏差(mm)	检验方法
1	轴线位移	10	拉线尺量检查
2	立面垂直度	3	用 2m 垂直检测尺检查
3	表面平整度	3	用 2m 靠尺和塞尺检查
4	门窗洞口宽度	±5	尺量检查
5	门窗洞口高度	+15，−5	尺量检查

4. 质量通病预防（表 3-7）

常见轻钢龙骨纸面石膏板隔墙质量通病及预防措施　　　　表 3-7

序号	质量通病	通病图片	预防措施
1	轻钢龙骨隔墙门框四周加固不到位，门扇在使用过程中门框处易变形，门框附近饰面易出现松动、开裂现象		（1）对于较重的门窗处应进行加固，必要时采用钢立柱加固。 （2）横向龙骨与竖向龙骨转角处应采取加固措施
2	墙面封石膏板留 V 形缝的缝隙过大，腻子批补宽度过大，容易开裂		（1）严格按照技术交底进行施工。 （2）封板时，施工人员应严格控制尺寸切割，保证留缝宽度在 5～10mm 左右

83

序号	质量通病	通病图片	预防措施
3	轻钢龙骨隔墙的竖向龙骨有接头，且接头在同一水平线上		（1）应定制整根通长龙骨，隔墙整体性较好。 （2）如隔墙竖向龙骨需要接长，连接处在高度方向应错开，以保持龙骨整体性（上下错位接时，还应考虑穿心龙骨孔位一致）

5. 成品保护

（1）轻钢龙骨隔墙施工完成后，在进行下道工序施工前应进行必要的保护。防止硬物、重物磕碰、撞伤板面，严禁用尖锐物品划伤石膏板的纸面。石膏板表面的开孔应避开龙骨的位置。

（2）安装好的成品或半成品部件不得随意拆动，提前做好水、电、通风、设备等安装作业的隐蔽验收工作。龙骨及罩面板安装时，应注意保护顶棚内已装好的各种管线等。

（3）施工部位已安装的门窗，已施工完的地面、墙面、窗台等应注意保护，防止损坏。

（4）搬、拆架子或人字梯时注意不要碰撞轻钢龙骨隔墙或其他已完成部位。

（5）轻钢骨架材料，特别是罩面板材料，在进场、存放、使用过程中应妥善管理，使其不变形、不受潮、不损坏、不污染。

项目 3.4　饰面板（砖）施工实训

饰面板（砖）工程，是将预制的饰面板（砖）铺贴或采用其他方式牢固的安装在基层上的一种装饰方法。饰面板（砖）工程分为饰面板安装和饰面板粘贴两大部分。

饰面板（砖）的种类繁多，常用的有天然石饰面板、人造石饰面板、木制品饰面板、金属饰面板、塑料饰面板、玻璃面板、饰面混凝土墙板和饰面砖（如瓷砖、面砖、陶瓷锦砖）等。随着科学技术的发展，新型装饰材料的不断出现，进一步丰富了建筑工程的装饰内涵和装饰效果。

饰面板（砖）工程是墙面工程的重要组成部分，具有保护墙体，改善墙体物理性能以满足建筑的功能需求，美化墙体的作用。本项目主要包括石材干挂、墙砖湿贴、木饰面安装的施工实训。

任务 3.4.1　石材干挂

［实训要求］
熟悉石材干挂的基本构造知识。

掌握石材干挂工具的操作使用。

掌握干挂石材的步骤与技巧。

石材干挂法是目前墙面装饰中一种常用的施工工艺。该方法以金属挂件将饰面石材直接吊挂于墙面或钢架上，不需再灌浆粘贴。相比于传统的湿贴法石材安装施工方法，干挂法具有更高的安全性，同时也避免了因水泥砂浆中水分渗出造成的返碱、返锈等质量通病。干挂法施工的成品化施工水平更高，容易实现装饰施工产业化。

本任务以室内混凝土墙面干挂石材为例，介绍石材干挂施工。

1. 前期准备

（1）图纸及施工文件准备

1）仔细听取项目施工技术负责人（或设计师）所做的图纸及技术交底，对已批准的设计图纸及深化图纸进行研读，确定石材安装顺序、编号，检查图纸的完整性、合理性，熟悉产品的性能和要求。对图纸进行现场复核，发现问题及时反馈给深化设计人员。

2）了解图纸应包含的内容：材料的品种、规格及排版、安装结构和性能，预埋件和连接件的数量、规格、位置、防腐防锈处理以及环保要求，石材的生产加工要求、安装顺序及收口收头方式的节点等。

3）安装施工前熟悉施工方案并已接受施工交底，熟悉施工中需要注意的事项，包括技术要点、质量要求、安全文明施工、成品保护等。

（2）材料准备

1）石材饰面板的品种、颜色、花纹和尺寸规格应符合要求。石材的表面应光洁、方正、平整、质地坚固，不得有缺楞、掉角、暗痕和裂纹等缺陷。室内用花岗岩应对其放射性指标进行复验。石材加工应符合现行规范《天然花岗石建筑板材》GB/T 18601、《天然大理石建筑板材》GB/T 19766 的要求。石材进场后，应按编号顺序侧立堆放在室内，光面相对，背面垫松木条，并在板下加垫木方（图3-25）。

图 3-25　现场石材堆放

2）干挂石材使用的龙骨骨架等主要材料应有合格证或检验报告，材质应符合要求。若设计无明确说明，采用的碳素钢应符合现行国家标准《碳素结构钢》GB/T 700 中的规定，表面进行热镀锌处理。干挂件、背栓采用符合现行国家标准《不锈钢和耐热钢　牌号及化学成分》GB/T 20878 的 S304系列或 S316 系列不锈钢制品。

3）机械锚栓应符合现行行业标准《混凝土用膨胀型、扩孔型建筑锚栓》JG/T 160 的规定。紧固件及配套的卡件、垫片等应符合国家现行标准《紧固件　螺栓和螺钉》GB/T 5277、《紧固件机械性能》GB/T 3098 和《建筑用轻钢龙骨配件》JC/T 558 等的规定。专用尼龙锚栓的尼龙膨胀套管应采用原生的聚酰胺、聚乙烯或聚丙烯制造，不应使用再生材料。连接件的拉拔力测试数据应符合要求，并有受力实验报告。使用前进行现场拉拔试验，确认试验数据符合要求后方可大面积使用。

图 3-26　铝合金挂件和不锈钢挂件

铝合金干挂件厚度不应小于 4mm，不锈钢干挂件厚度不应小于 3mm（图 3-26），并应按照有关规定进行截面验算。

4）用于结构胶粘（嵌）固的双组份 AB 环氧树脂型胶粘剂，应符合《干挂石材幕墙用环氧胶粘剂》JC 887 的要求。用于石材填缝和密封的中性硅酮耐候密封胶应符合《建筑用硅酮结构密封胶》GB 16776 和《硅酮建筑密封胶》GB/T 14683 的规定，使用前需进行相容性试验。

（3）现场准备

1）统一测定轴线控制线和建筑标高 0.5m 或 1m 线，并标识清楚、统一管理。实测结构偏差，采用经纬仪投测与水平、垂直挂线相结合的方法实测偏差。及时记录测量结果并绘制实测成果，提交技术负责人和设计人员进行深化设计。

2）管道、设备、预埋件等隐蔽工程已安装完毕并验收合格。

3）架子或工具式脚手架应提前支搭和安装好，架子的步高和支搭符合作业要求和安全要求，在作业前需组织安全验收。

（4）机具准备

1）电动工具：石材切割机、角磨机、砂轮、电锤、冲击钻、手枪钻、电焊机、台钻等。

2）手动工具：水平检测尺、垂直检测尺、墨斗（线）、剪刀、钢直尺、钢卷尺、直角尺、开口扳手、线锤、托线板、手套、铅丝、白线等。

3）耗材：膨胀螺栓、铅笔等。

2. 工艺流程及施工要点

（1）工艺流程（图 3-27）

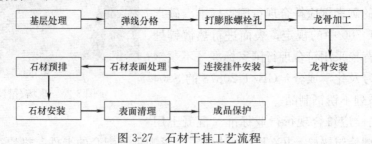

图 3-27　石材干挂工艺流程

（2）施工要点

1）基层处理

检查基层密实度和强度，观察基层是否有起皮、空鼓现象，将基层表面清理干净。检测垂直度和平整度，其误差不大于 10mm。对影响骨架安装的凸出部分应局部剔凿平整，凹陷部分用高一强度等级水泥砂浆找平。

2）弹线分格

根据弹出的墙面 0.5m 或 1m 水平控制线，结合墙面石材分格图、墙柱校核实测尺寸以及饰面板的缝宽等，弹出膨胀螺栓位置线、龙骨位置线及石材分格位置线。竖向主龙骨弹线方向为阳角端向阴角端。横向次龙骨以石材板块规格的高度作为水平分割线高度，水平线四周需连通，以保证接缝与窗洞的水平线连通。

3）打膨胀螺栓孔

根据放线确定的膨胀螺栓点位，用冲击钻在结构上打孔，孔洞大小按照膨胀螺栓的规格确定，一般比膨胀螺栓直径大 2～4mm。孔洞深度须大于所选用膨胀螺栓胀管的长度。

4）龙骨加工

根据墙面高度将主龙骨加工切割成段。龙骨加工切割应采用电动砂轮切割机，严禁使用氧气焊、电焊进行切割作业。龙骨骨架安装前按设计和排版要求的尺寸，用台钻钻出龙骨骨架的安装孔并刷防锈漆处理。

5）龙骨安装

干挂石材一般采用镀锌槽钢和角钢作骨架。以槽钢作主龙骨，角钢作次龙骨形成骨架网。钢架由膨胀螺栓与基层相连接，螺帽必须拧紧，拧紧后的螺栓再涂环氧树脂 AB 胶加固。

按墙面上的控制线用 M8～M14 的膨胀螺栓将镀锌槽钢固定在墙面上，或采用预埋平钢板，使主龙骨骨架与预埋平钢板焊接（图 3-28），焊接质量应符合规范规定，要求满焊，控制焊缝宽度为 5mm，焊接长度为 200mm，除去焊渣后补刷防锈漆。在槽钢与槽钢对接处，为适应温度变化，留置宽度为 10mm 的变形伸缩缝。

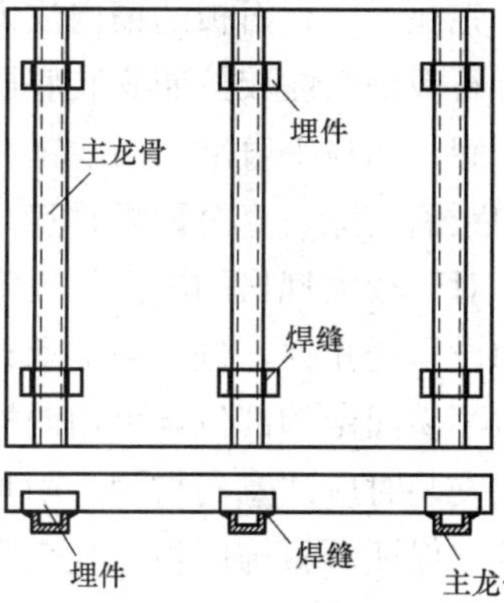

水平次龙骨间距随石材分格高度变化，确保与石材等高，主龙骨与次龙骨连接为现场施焊，保持两者相互垂直，焊缝等级为三级，应上下满焊，焊缝高度为 4mm，焊接长度与主龙骨宽度相同，焊点刷两道防锈漆。角钢连接处也要预留变形伸缩缝。

龙骨安装完成后需进行隐蔽工程验收。

图 3-28　主龙骨与预埋平钢板连接

6）连接挂件安装

干挂件一般使用不锈钢材质，安装位置根据石材板块规格确定，安装需牢固，螺帽需拧紧，再涂环氧树脂 AB 胶加固。

7）石材表面处理

石材表面充分干燥后（含水率小于 8%），铲除背网（图 3-29），用石材防护剂进行石材六面体防护处理。防护处理的具体方法是在无污染环境下，将石材平放于木方上，用羊毛刷蘸取防护剂均匀涂刷在石材表面。涂刷必须到位，第一遍涂刷完成后 24h，用同样的方法涂刷第二遍，24h 后方可使用。

8）石材预排

图 3-29 铲除石材背网

石材安装前必须选择在较平整的场地，按照设计确认的深化图纸进行预排。拼接石材应保持上下左右颜色、花纹一致，纹理通顺，接缝严丝合缝。遇有不合格的石材，必须剔除。将选出的石材按使用部位和安装顺序进行编号，并按编号存放备用。

9）石材安装

石材安装应从底层开始，吊垂直线依次向上安装。

利用托架、垫木楔等将底层石材饰面板准确就位并作临时固定。从最下排中间或墙面阳角一端开始，根据石材编号将石板槽和不锈钢干挂件固定销对位安装好，就位后利用不锈钢干挂件的条形螺栓孔，拉水平通线找石板上下口平直，用方尺找阴阳角方正，用线垂吊直，调节石板的平整度。为了保证离缝的准确性，安装时在每条缝中安放 2 片厚度与缝宽要求相一致的塑料片。用不锈钢干挂件将石板固定牢固，并立即清孔。槽内注入嵌固环氧树脂 AB 胶将不锈钢干挂件固定，注胶须饱满。保证胶粘剂有 4～8h 的凝固时间，以避免过早凝固而脆裂或过慢凝固而松动。

先往下一行石板的槽内注入胶粘剂，插入不锈钢干挂件舌板，擦净残余胶液后，将上一行石板槽内注胶按照安装底层石板的操作方法就位。石材饰面板暂时固定后，拉水平通线控制、调整平直度，吊线锤或仪器控制、调整垂直度，并调整面板上口的不锈钢连接挂件的距墙空隙，直至面板垂直。板材水平度、垂直度、平整度拉线校正后拧紧螺栓进行固定。对于较大规格的重型石板安装，除采用此方法安装外，还需在石材饰面板两侧端面开槽加设承托扣件，进一步支承板材自重，确保使用安全。对于顶棚、墙壁交接阴角等石板上边不易固定的部位，可用同样方法对石板的两侧进行固定。

安装时应注意石材阴、阳角的搭接（图 3-30、图 3-31）以及各种不同石材饰面板的交接，保证石材饰面板安装交圈。

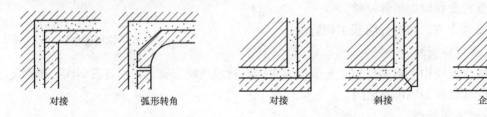

| 对接 | 弧形转角 | | 对接 | 斜接 | 企口 |

图 3-30 石材干挂阴角搭接方式   图 3-31 石材干挂阳角搭接方式

10）表面清理

石材挂接完毕后，用棉纱等柔软物对石材表面的污物进行初步清理，撕掉防污条，待胶凝固后再用壁纸刀、棉纱等清理石材表面。施工时尽量不要造成污染，减少清洗工作量，有效保护石材光泽。一般的色污可用草酸、双氧水刷洗，严重的色污可用双氧水与漂白粉掺在一起搅成面糊状涂于斑痕处，2～3d后铲除，色斑可逐步减弱。清洗完毕必须重新对石材磨光，上蜡（图3-32）。按蜡的使用操作方法进行打蜡，原则上应烫硬蜡、擦软蜡，要求色泽均匀一致，不露底色，表面光洁。

图3-32 石材抛光养护

3. 验收标准

（1）主控项目

1）石材干挂所用面板的品种、规格、性能和等级，防腐、平整度、几何尺寸、光洁度、颜色和图案应符合设计要求及国家现行规范的规定，并有产品合格证。

2）石材孔、槽的数量、位置和尺寸应符合设计要求。

3）面层与基底应安装牢固。

4）预埋件、干挂连接件的数量、规格、位置、连接方法和防锈防腐处理必须符合设计要求和国家现行有关规范的规定。

5）后置埋件的现场拉拔强度必须符合设计要求。

6）焊接点应作防腐处理。

7）粘结材料必须符合设计要求和国家现行有关规范的要求。

（2）一般项目

1）表面平整、洁净，无污染、缺损和裂痕，拼花正确、纹理清晰通顺，颜色协调一致，无明显色差、修痕。

2）缝格均匀，板缝通顺，接缝填嵌密实，宽窄一致，无错台错位，嵌填材料色泽一致。

3）非整板部位安排适宜，阴阳角石板压向应正确，踢脚线出墙厚度应一致，石材面板上洞口、槽边应套割吻合，尺寸准确，边缘应整齐、平顺。

（3）允许偏差项目（表3-8）

石材饰面安装允许偏差和检验方法   表3-8

| 项目 | 允许偏差（mm） | | | | | 检验方法 |
| | 天然石材 | | | | 人造石材 | |
	光面	初磨面	麻面条纹面	天然面	人造大理石	
立面垂直度	2	2	3	5	2	2m靠尺和钢直尺检查
表面平整度	1	2	3	—	1	2m靠尺和塞尺检查
阴阳角方正	2	3	4	—	2	20cm方尺和塞尺检查
接缝直线度	2	3	4	5	2	拉5m线（不足5m拉通线），钢直尺检查
踢脚上口平直度	2	3	3	3	2	拉5m线（不足5m拉通线），钢直尺检查
接缝宽度	0.3	1	1	2	0.5	钢直尺检查
接缝高低差	0.3	1	2	—	0.5	钢板短尺和塞尺检查

4. 质量通病预防（表3-9）

常见石材干挂质量通病及预防措施　　　　　　　　　　表 3-9

序号	质量通病	通病图片	预防措施
1	石材纹理明显对接不上		(1)根据设计下单选购或定制石材，出厂前石材应进行预排检查石材是否纹理通顺。 (2)石材进场时严格检查，预排石材并编号。 (3)石材安装时按照预排编号顺序进行
2	石材拉槽板与收口时缝隙大		(1)施工前绘制收口处节点详图，对有收口问题部位进行调整。 (2)石材饰面板严格按照深化设计图尺寸切割。 (3)铺贴前进行预排，核对尺寸
3	石材切割边存在暴边现象		(1)石材饰面板尺寸加工尽量工厂化。 (2)石材进场检查是否有掉角、裂缝缺陷。 (3)开槽距边缘距离为 1/4 边长且不小于 50mm，以防崩边。 (4)石材饰面板安装就位后利用不锈钢干挂件的条形螺栓孔，调节石板的平整，拉线检验之后再打胶嵌固
4	干挂件粘接不牢固		(1)石材干挂施工中干挂件和石材的粘接剂采用 AB 胶，云石胶只能用作临时固定。 (2)保证胶粘剂的凝固时间。 (3)钢架基层挂件须加弹簧圈
5	石材在拼接处出现小黑洞		(1)设计时考虑阴角安装构造要求，安装时严格按设计图纸施工。 (2)材料进场时严把质量关，施工过程中应注意小心搬运

5. 成品保护

(1) 施工前必须采取保护措施（如铺垫、遮挡、贴覆保护膜）保护已完工的墙面（图 3-33）。

(2) 施工过程中，不得因操作损坏各种水电管线及预埋件。

(3) 石材饰面干挂完成后，易破损部分的阳角处要做护角保护（图 3-34）。

(4) 施工中环氧胶未达到强度前要防止水冲、撞击和振动。

(5) 拆除架子和上料时严禁碰撞石材饰面板。

图 3-33　大面保护

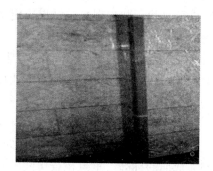

图 3-34　阳角保护

任务 3.4.2　墙砖湿贴

[实训要求]

熟悉湿贴墙砖的基本构造知识。

掌握镶贴机具的操作使用。

掌握墙砖湿贴的步骤与技巧。

墙面砖按其制作工艺及特色可分为釉面砖、通体砖、抛光砖、玻化砖及陶瓷锦砖等。墙面砖铺贴根据墙面基层的不同，其铺贴工艺不尽相同，常见的基层墙面有混凝土基层、砖墙基层、加气混凝土块基层、轻钢龙骨基层、钢板基层等墙面。常见的施工工艺有：钢丝挂贴、胶粘点挂、湿贴工艺等。

本任务为混凝土基层墙面玻化砖铺贴实训。

1. 前期准备

(1) 图纸及施工文件准备

1) 仔细听取项目施工技术负责人（或设计师）所做的图纸及技术交底，对已批准的设计图纸及深化图纸进行研读，检查图纸的完整性、合理性，熟悉产品的性能和要求。对深化图纸进行现场复核，发现问题及时反馈给深化设计人员。

2) 了解图纸内容，熟悉产品的品种、规格、颜色性能和要求，如瓷砖的物理性能、水泥的强度等级等。

3) 安装施工前熟悉施工方案并已接受施工交底，熟悉施工中需要注意的事项，包括技术要点、质量要求、安全文明施工、成品保护等。

（2）材料准备

1）瓷砖均有出厂合格证书。花色、品种、规格、抗压强度、抗折强度等性能符合要求，不得有裂缝、掉角、翘曲、明显色差、尺寸误差大等缺陷。

2）水泥进场时应对品种、强度等级、包装或散装仓号、出厂日期等进行检查。硅酸盐水泥、普通硅酸盐水泥，其强度等级不低于 42.5 级。材料需符合《水泥胶砂强度检验方法》GB/T 17671 规定的验收标准。应分批对水泥强度、凝结时间、安定性进行复查。当在使用中对水泥质量有怀疑或水泥出厂超过三个月（快硬硅酸盐水泥超过一个月）时，应进行复验，并根据复验结果决定是否使用。不同品种的水泥不得混合搅拌使用。水泥进场后，应做好防潮和防雨措施。

3）砂宜用中砂，不得含有有害杂质，含泥量不应超过 3％，且不应含有 4.75mm 以上粒径的颗粒，并应符合现行行业标准《普通混凝土用砂、石质量及检验方法标准》JGJ 52 的规定。人工砂、山砂及细砂应经试配试验证明能满足要求后再使用。

（3）现场准备（图 3-35～图 3-38）

1）统一测定轴线控制线和建筑标高 0.5m 或 1m 线，并标识清楚、统一管理，以此控制完成面的标高。重点检查房间的几何尺寸，提前做好室内控制线的放线工作，复核现场各处尺寸，发现问题及时反馈给深化设计人员。

2）室内环境温度保持在 5～35℃，相对湿度在 50％～80％可以满足本工艺施工条件。

3）墙面基层表面应密实，不应有起砂、蜂窝和裂缝等缺陷，平整度、强度应符合设计或标准规定要求。

4）墙面垫层以及预埋在墙面的各种沟槽、管线、预埋件安装完毕，经检验合格并做隐蔽记录。

图 3-35　轻钢龙骨基层变形

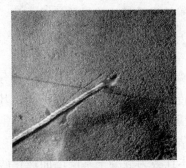

图 3-36　基层强度低，有浮灰

图 3-37　基层空鼓

图 3-38　基层收缩开裂

5）墙面表面平整度用 2m 水平尺检查，偏差不得大于 3mm。

6）经仪器检测，基层含水率不大于 8％。

7）有防水要求的墙体，防水工程已完成并验收合格。

8）架子或工具式脚手架应提前支搭和安装好，架子的步高和支搭符合作业要求和安全要求，并在作业前通过验收。

（4）机具准备

1）电（气）动工具：砂浆搅拌机、手电钻、冲击钻等。

2）手动工具：橡皮锤（木锤）、手锤、水平检测尺、垂直检测尺、锯齿镘刀、滚筒、瓷砖吸提器、托灰板、硬木拍板、抹子、刮杠、方尺、墨斗、尼龙线、钢錾子、磨石、瓷砖切割器、拔缝开刀、细砂轮片、棉丝、擦布等。

3）耗材：十字分缝卡等。

2. 工艺流程及施工要点

（1）工艺流程（图 3-39）

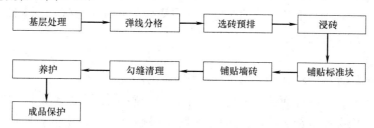

图 3-39　墙砖湿贴工艺流程

（2）施工要点

1）基层处理

施工前应先对基层进行检查、验收，确保基层表面坚实、平整、干燥，无空鼓、浮浆、起砂、裂缝等现象。如混凝土表面有水泡、气孔、蜂窝、麻面等，可先剔到实处后，采用 1∶3 水泥砂浆或掺水泥量 15％的聚合物水泥砂浆进行修补。表面的凸起物及附着在基层表面的颗粒杂质等需要铲除并清扫。如基层表面有油污、铁锈等，要采用钢丝刷、砂纸或有机溶剂进行彻底清洗。

2）弹线分格

按照室内标志水平线，找出地面标高，根据计算的第一块瓷砖的下口标高垫好底尺，作为第一块瓷砖下口的标高，可以防止瓷砖因自重或灰浆未硬结而向下滑移，确保横平竖直。按照镶贴面积，计算横纵的瓷砖块数，用水平尺找平，并按照图纸设计图案要求结合瓷砖的规格弹线。弹线时，应从上往下弹出水平线，控制水平排数，再弹垂直线（图 3-40）。瓷砖弹线时接缝宽度应符合设计要求，并注意水平方向和垂直方向的砖缝一致。

3）选砖预排

在同一墙面上的横竖排列，不宜有一行以上的

图 3-40　弹分格线

非整砖，非整砖宽度不宜小于整砖的1/3，并且非整砖要排在次要位置或阴角处。当墙面镶贴遇到有盥洗镜等装饰物时，应以墙面装饰物中心线为准向两边对称排砖。镶贴如遇有

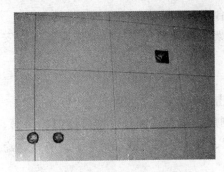

图3-41 开关管线位置整砖套割

突出的灯具、管线、卫生设备的支撑等突出物时，应用整砖套割吻合，不得使用非整砖拼凑镶贴（图3-41）。对需要加工的饰面砖进行定制加工。

4）浸砖

在铺贴瓷砖前应充分浸水润湿，防止用干砖铺贴上墙后，吸收砂浆中的水分，致使砂浆中的水泥不能完全水化，造成粘结不牢或面砖浮滑。瓷砖提前2h以上浸水，直至不泛泡时取出晾干，表面无水膜方可使用。

5）铺贴标准块

大面积铺贴前应先铺贴标准块。在混凝土基层上，根据弹线分格，铺设成十字形的两条标准块。根据标准块厚度及完成面厚度线，将瓷砖的砖缝中心线用尼龙线（或棉线）全部拉出，作铺贴瓷砖时定位线之用。

6）铺贴墙砖

墙面瓷砖铺贴宜从阳角开始，自下而上依次镶贴。

镶贴时将水泥砂浆在饰面砖背面均匀抹平，水泥砂浆体积配比以1∶2为宜，必要时可在水泥砂浆中掺水泥重量2%～3%的108胶。铺贴要求砂浆饱满，四周边角满浆并刮成斜面，厚度5～7mm，若亏浆，要取下重贴。不得在砖口处塞浆，以防空鼓（图3-42、图3-43）。贴于墙面的瓷砖就位后用力压（图3-44），然后用橡皮锤轻敲砖面（图3-45），使瓷砖紧密贴于墙面，再用靠尺按照标准块将其校正平直。

图3-42 基层刷浆

图3-43 砖背刷浆

在玻化砖铺贴时，应注意留缝处理，根据设计要求和规范采用十字托等方式进行留缝处理（图3-46、图3-47），无设计要求时缝宽一般为1～1.5mm，且横竖缝宽一致。施工温度控制在5℃以上，冬期施工要采取保温防冻措施。

水管处应先铺周围的整砖，后铺异型砖。水管顶部铺贴的面砖应切掉多余的部分。对整块瓷砖打预留孔，可以先用开孔器钻孔。

阴角砖应压向正确（图3-48），阳角拼缝可以用阳角条，也可以用切割机将砖边沿45°斜角对接（图3-49），注意不能将釉面损坏或崩边。切割非整砖时，应根据所需的尺寸

图 3-44　墙砖铺贴

图 3-45　橡皮锤压实、整平

图 3-46　各规格十字托

图 3-47　留缝设置

在瓷砖背面划痕，用瓷砖切割器切割出较深割痕，将瓷砖放在台面边沿处，用手将切割的部分掰下，再把不平的断口磨平。

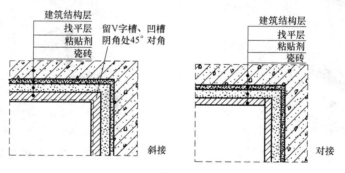

图 3-48　内墙瓷砖阴角做法

7）勾缝清理

瓷砖铺贴完毕后，用棉纱头蘸水将砖面擦拭干净，并清理砖缝（图 3-50、图 3-51），同时将与瓷砖颜色相同的水泥（彩色面砖应加同色颜料）调成糊状，用长毛刷蘸取刷在瓷砖上，待水泥浆变稠，用布将缝里的水泥浆擦匀，或使用瓷砖填缝剂（图 3-52）。勾缝时注意应全部封闭缝中镶贴时产生的气孔和砂眼。嵌缝后，应仔细擦拭干净（图 3-53）。如果墙砖面污染严重，可用稀盐酸刷洗后再用清水冲洗干净。

8）养护

勾缝 24h 后，洒水养护。7d 后方可打眼施工。

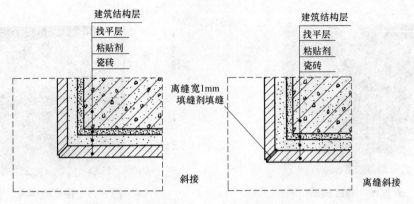

图 3-49　内墙瓷砖阳角做法

图 3-50　铲刀清理接缝

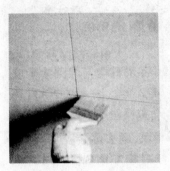

图 3-51　刷子清理

图 3-52　填缝

图 3-53　清理表面

3. 验收标准

（1）主控项目

瓷砖、水泥、砂、颜料等的品种、规格、颜色、质量必须符合设计要求和有关标准的规定。

瓷砖铺贴必须牢固。

瓷砖无空鼓、裂缝。但单块砖边角有局部空鼓，且每自然间（标准间）不超过总数的5%可不计。

（2）一般项目

瓷砖表面应洁净、图案清晰、色泽一致，无裂纹、掉角、脱层、缺粒和缺棱等缺陷。

阴阳角处搭接方式、非整砖使用部位应符合设计要求。

墙面突出物周围的瓷砖应整砖套割吻合，瓷砖边缘应整齐。

瓷砖嵌缝应密实、平直、光滑，宽度和深度应符合设计要求，嵌填材料色泽一致。

（3）允许偏差项目（表 3-10）

墙砖铺贴允许偏差和检验方法　　　　　　　　表 3-10

项　　目	允许偏差（mm）	检　验　方　法
立面垂直度	2	2m 靠尺和塞尺
表面平整度	3	2m 靠尺和塞尺
阴阳角方正	3	直角检查尺
接缝直线度	2	拉 5m 线（不足 5m 拉通线），钢直尺检查
接缝宽度	1	钢直尺
接缝高低差	0.5	钢直尺和塞尺

4. 质量通病预防（表 3-11）

常见墙砖湿贴质量通病及预防措施　　　　　　表 3-11

序号	质量通病	通病图片	预防措施
1	墙砖空鼓、脱落		（1）认真清理基层表面，风化或松散严重的，应铲除原基层，重新粉刷。铺砖前基层应浇透水，水应透入基层 8～10mm。 （2）严格控制砂浆水灰比。 （3）瓷砖浸泡后应浸泡 2h 后晾干。 （4）控制砂浆粘结厚度，不得过厚、过薄。 （5）粘结面砖的砂浆要饱满、适量，必要时掺水泥重量 2%～3% 的 108 胶。 （6）砖缝控制在 1mm 左右，避免密拼。 （7）铺砖完成后要注意洒水养护。 （8）当出现空鼓或脱落时，应取下瓷砖，铲除原有砂浆重贴
2	墙砖 V 形缝在板块拼接处有高差		（1）基层表面一定要平整、垂直。 （2）施工中挑选优质瓷砖，校核尺寸，分类堆放。 （3）铺贴前应弹线预排，找好规矩。 （4）铺贴后立即拔缝，调直拍实。 （5）可使用十字分缝卡控制砖缝
3	棱形砖墙开关插座底盒与墙砖分格不对称，影响美观		（1）对施工墙面进行精确放线，对机电末端进行精准定位，并进行墙面砖的预排版。 （2）掌握机电墙面开关盒的详细尺寸及实样。 （3）根据现场实际尺寸、饰面砖及机电末端盒尺寸绘制墙面综合排版图

序号	质量通病	通病图片	预防措施
4	裂缝		(1)选用密实强度高、吸水率低的优质瓷砖。 (2)瓷砖铺贴前应浸泡2h后阴干。 (3)不要用力敲击砖面,防止产生隐伤。 (4)尽量使用和易性、保水性好的砂浆铺贴
5	墙砖阴角未能交圈对缝整齐		(1)在铺砖前做好排版设计工作,使墙面阴角对缝。 (2)做好预排,发现问题及时调整
6	墙砖留V形槽在阴角处产生黑洞		(1)对饰面砖阴角内切45°角。 (2)材料进场时严把质量关,施工过程中要求工人轻拿轻放
7	瓷砖拼花腰线阳角不吻合,影响装饰效果		对饰面砖阳角内切45°角或略小于45°角处理

续表

序号	质量通病	通病图片	预防措施
8	墙面墙砖与窗户上口收口难看，影响美观		（1）落实前期收口的设计工作，画出立面的墙砖排版图，对班组进行技术交底。 （2）根据墙砖排版图在立面上弹线后，再粘贴墙砖，不宜收口之处应及时与施工员沟通。 （3）立面排版时可以根据墙砖的尺寸，考虑把窗口做成 L 形
9	有明显色差、变色或表面污染。		（1）饰面砖进场检查色度。 （2）饰面砖运输和保管中不得雨淋和受潮。 （3）不得用草绳或有色纸包装面砖。 （4）浸砖的水要洁净。 （5）铺贴前挑选瓷砖并试铺。 （6）铺砖和勾缝中随时将砖面上的砂浆和擦缝水泥擦干净

5. 成品保护

（1）及时清理干净门、窗框等饰面上残留的粘结剂、砂浆等。

（2）铝合金窗、塑料窗必须粘贴保护膜，且在全部抹灰、镶贴作业完成前保证保护膜完好无损，发现损坏处，立即补贴。

（3）施工前需做好对水、电、通信、通风、设备管道、支架固定等部分的防护，防止墙面砖镶贴施工过程中或完工后被损坏。

（4）对完成的墙砖面进行大面积覆膜、阳角保护（图 3-54、图 3-55）。

（5）搭设、拆除架子时注意不要碰撞墙面。

图 3-54 大面保护

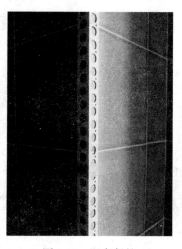

图 3-55 阳角保护

任务 3.4.3　木饰面安装

[实训要求]

熟悉木饰面的基本构造知识。

掌握木工机具的操作使用。

掌握木饰面安装的步骤与技巧。

1. 前期准备

（1）图纸及施工文件准备

1）仔细听取项目施工技术负责人（或设计师）所做的图纸及技术交底，对已批准的设计图纸及深化图纸进行研读，检查设计及深化图纸的完整性、合理性，确定木饰面安装顺序并编号，熟悉产品的性能和要求。对图纸进行现场复核，发现问题及时反馈给深化设计人员。

2）了解图纸应包含的内容：材料的品种、规格、颜色和性能，木龙骨、木饰面板的燃烧性能等级，预埋件和连接件的数量、规格、位置、防腐处理以及环保要求，木饰面板的生产加工要求、安装顺序及收口收头方式等。

3）安装施工前已熟悉施工方案并已接受施工交底，熟悉施工中需要注意的事项，包括技术要点、质量要求、安全文明施工、成品保护等。

（2）材料准备

1）木饰面安装前材料报验应合格，甲醛等有害物质含量经现场见证取样复验合格。

2）木基层涂刷的防火涂料进场时应有合格证、检验报告（图 3-8），并进行现场见证取样送检，合格后方可使用。

3）基层板材料中是否有腐朽、弯曲、脱胶、变色及加工不合格的部分，若有，应剔除。

4）木饰面漆面的品种、类型、颜色及成品后外观效果应符合设计要求，对照设计所提供的色板无明显色差，相邻木饰面之间无明显色差。

5）成品木饰面表面平整、边缘整齐，无污垢、裂纹、缺角、翘曲、起皮等表观缺陷（图 3-56）。

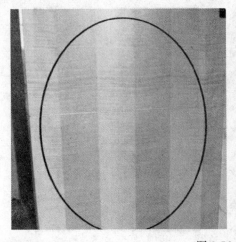

图 3-56　木饰面表面缺陷

6）产品的部件、五金配件、辅料等应对照设计图纸及深化图纸和有关质量标准进行检查，确认有无缺失、损坏和质量缺陷等，外露的五金配件外观应与设计提供的样板进行比对，不合格的产品不得安装。

7）在白蚁等虫害高发地区，木饰面的不见光面是否做好了防虫处理。

8）预埋（或后置埋入）的木楔、木砖、木龙骨含水率经仪器测定符合当地含水率要求，规格符合设计要求，节疤、缺陷数量符合规范要求，并进行了防腐、防火、防虫的"三防"处理。

（3）现场准备

1）水平基准线，如 0.5m 线或 1.0m 线等，经过仪器检测，其误差应在允许范围以内。

2）基层墙面的抹灰工程已按设计要求完成。检查墙面的平整度、垂直度，其平整度误差≤3mm，垂直度误差≤3mm。

3）经仪器检测，基层含水率不大于 8%。如为外墙内面、卫生间隔墙背面等经常受潮墙面，须在安装前做防潮隔离层，木楔、木龙骨等应做防腐加强处理。

4）如有需要使用胶粘剂粘接，需要检查室内温度，保证不宜低于 5℃。

5）房间的吊顶、地面分项工程基本完成，并符合设计要求。地面的湿作业工作必须结束，且湿度符合要求。吊顶封板已经完成，如未完成，需要确定吊顶完成面线并按此施工。

6）水电、设备及其管线已敷设完毕，隐蔽验收已完成。

7）墙面基层为轻钢龙骨或木龙骨基层，墙面基层封板应完成，且应在基层板上弹出龙骨的位置线。木饰面采用干挂施工，龙骨间距大于挂条间距或者与挂条间距的模数不统一的，应在挂条安装位置及对应部位补强加固。

8）墙面为空心砖或轻质砖墙体时，检查其柱、梁能否满足木饰面基层龙骨安装要求，否则应做基层加固。

9）墙面为普通砖或强度较高的实心砖时，采用锚栓法固定，锚栓应尽量避开砖缝等薄弱部位。

10）施工现场具备临时用电条件。

（4）机具准备

1）电（气）动工具：电动圆锯、电动线锯机、冲击钻、电动螺丝刀、电动砂轮机、小型型材切割机、手持式修边机、空气压缩机、气动钉枪、手持式低压防爆灯、红外线激光仪等。

2）手动工具：锯、刨、锤、钢直尺、钢卷尺、直角尺、2m 靠尺、墨斗（线）等。

3）耗材：自攻螺钉、直枪钉、麻花钻头、细齿锯片、批头、美工刀、铅笔、美纹纸、木饰面专用保护膜、护角板等。

2. 工艺流程及施工要点

（1）工艺流程

木饰面安装方法分为粘贴法和干挂法。应根据不同的基层、工艺要求、环境条件等选择相应的安装方式。通常情况下，木饰面的木挂条干挂安装施工是一种相对成熟且适应性较广泛的安装方式。本任务以木龙骨基层干挂木饰面的安装为例，介绍木饰面的施工。

木饰面的木挂条干挂安装施工工艺流程如图 3-57 所示。

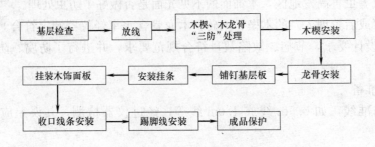

图 3-57　木饰面的木挂条干挂安装工艺流程

（2）施工要点

基层木骨架安装构造如图 3-58 所示。

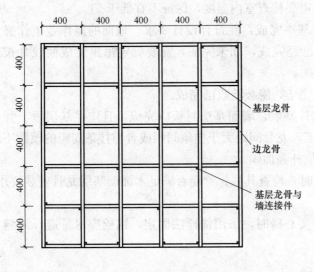

图 3-58　基层木骨架安装示意图（mm）

1）基层检查

检查水平基准线是否已按要求标记好，误差在允许误差以内；基层含水率符合要求（图 3-59）；基层表面平整度、垂直度、牢固度符合安装要求（图 3-60～图 3-62）；吊顶、地面分项工程的进度符合安装要求，水电、设备及其管线的敷设已完成，并完成了隐蔽验收。

2）放线

根据深化图纸和现场的轴线、水平基准线等尺寸，确定基层龙骨的分格尺寸。将施工作业面按 300～400mm 均匀分格龙骨的中心位置，然后用墨斗弹线，完成后进行复查。放线时应尽量避开墙面管线、砌块砖墙的砖缝等处。

3）木楔、木龙骨"三防"处理

木楔、木龙骨等应在安装前进行"三防"处理。木楔、木龙骨防腐处理通常选用常温浸渍法。如采用涂刷法，防腐涂料宜均匀满刷在木楔、木龙骨上。防火涂料采用涂刷法，每平方米的用量不宜低于 500g，应至少涂刷三遍（图 3-63）。防虫处理有喷洒法、浸渍法、涂刷法等方法。施工人员进行"三防"处理时须注意戴好个人防护用具，接触眼睛、皮肤等部位或误食误服，应立即用大量清水冲洗，并及时就医。所有木制品做"三防"处理后，经晾干符合要求后方可使用。

4）木楔安装

图 3-59 基层含水率检查

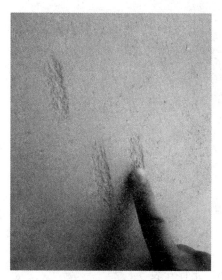

图 3-60 检查基层牢固度

图 3-61 基层平整度检查

图 3-62 不合格基层整改单

　　在龙骨中心线交叉位置用冲击钻钻直径 14～16mm，深 30～50mm 的孔（图 3-64），将大于钻头直径 2～5mm，长 50～80mm 经过防腐处理的木楔植入（图 3-65），安装过程中随时用 2m 靠尺或红外线激光仪检查平整度和垂直度，并进行调整，达到质量要求。

图 3-63 木龙骨"三防"处理

图 3-64 基层放线定位，冲击钻钻孔

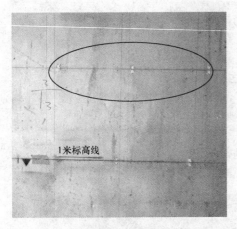

图 3-65　木楔植入

图 3-66　龙骨安装

5）龙骨安装

通常情况下，采用 30mm×30mm 的方木。

① 制作木骨架：根据设计要求，先确定墙面分片尺寸位置，根据分片尺寸，加工凹槽榫，在地面拼装，制成木龙骨架。

② 固定木骨架：将制作好的木骨架立于墙面上（图 3-66），调整平整度、垂直度达到要求后，用自攻螺钉将其固定在木楔上，如遇墙面阴阳角转角处，必须加钉竖向木龙骨。

6）铺钉基层板

基层板在安装前应在背面开卸力槽，用自攻螺钉固定在龙骨上，钉距 100mm 左右，且布钉均匀（图 3-67）。安装过程中随时用 2m 靠尺检查平整度和垂直度。封板前应进行隐蔽验收（图 3-68）。木饰面安装前应先在基层板上弹线，对于块状木饰面的安装要拉通线，保证木饰面的接缝直线度。

图 3-67　铺钉基层板

图 3-68　木饰面施工过程检验

7）安装挂条

采用经过"三防"处理的 12mm 胶合板正、反裁口（图 3-69），两片挂条中的一条按间距 300～400mm，用自攻螺钉沿木龙骨方向固定，钉距 100mm 左右。挂装时先预紧并校核木制品的安装位置后，再逐个紧固到位。安装完成后手扳检查挂条安装的牢固度，确定无问题后进行下一步施工。

图 3-69　木饰面挂条

图 3-70　木饰面现场安装

8）挂装木饰面板

在木饰面的背面按安装位置弹线，将两片挂条中的一条临时固定在木饰面背面，进行试装（图 3-70）。调整挂条位置至合适的尺寸后，刷白乳胶（聚醋酸乙烯酯胶），用自攻螺钉固定在木饰面背面板上。自攻螺钉的长度应按照挂条和木饰面的厚度确定，且钉入木饰面的深度不应超过木饰面厚度的 2/3。木饰面安装前应对照设计图纸和深化图纸，对安装位置和安装条件进行验收确认，确认无误后再进行安装。木饰面板安装前应对材料进行验收，保证木饰面无质量缺陷、色差等问题。安装过程中要执行"三检"制度，发现问题

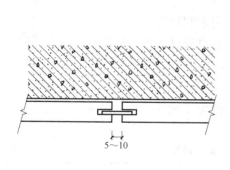

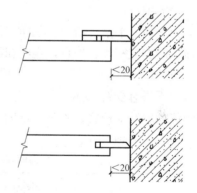

图 3-71　木饰面工艺槽、木饰面插条（mm）

及时调整。木饰面连续安装长度超过 6m 时或遇伸缩缝位置，须设置插条或者预留工艺收口槽（图 3-71）。木饰面安装时应参照水平基准线，保证工艺槽的跟通（图 3-72）。

9）收口线条安装

收口线条可以按现场实际尺寸定尺加工，也可以现场裁切。现场裁切时收口线条接缝处应采取加固措施或斜坡压槎处理，转角处要做接榫或者背后加固处理。用自攻螺钉或白乳胶将小木方牢固固定在安装面上，试装线条确认

图 3-72　木饰面通缝安装

105

尺寸、位置等后，在线条背面的槽口内均匀的薄涂一层白乳胶，将线条紧压在小木方上。保证收口线条与墙面贴紧，缝隙均匀。

10）踢脚线安装

踢脚线可以按现场实际尺寸进行定尺加工，也可以现场裁切。现场裁切时踢脚线接缝处应做接榫或斜坡压槎处理，90°转角处要做成45°斜角接槎。将踢脚线挂条牢固固定在基层板上，进行踢脚线试装。试装无误后在踢脚线挂条插槽内均匀薄涂一层白乳胶，将踢脚线紧压在挂条上，保证与墙面贴紧，上口平直。

3. 验收标准

（1）主控项目

板材甲醛含量、含水率、翘曲度及吸水膨胀率应符合国家有关装饰装修材料验收规范。

木饰面所采用的胶粘剂、涂料等应符合《民用建筑工程室内环境污染控制规范》GB 50325、《室内装饰装修材料胶粘剂中有害物质限量》GB 18583、《室内装饰装修材料水性木器涂料中有害物质限量》GB 18581 的规定。

饰面板的品种、颜色、规格和性能应符合设计要求，木龙骨、木饰面板的燃烧性等级应符合设计要求。

饰面板安装工程连接件的数量、规格、位置、连接方法和防腐处理必须符合设计要求，饰面板安装必须牢固。

（2）一般项目

饰面板表面应平整、洁净、色泽一致，无裂痕和缺损。

饰面板嵌缝应密实、平直，宽度和深度应符合设计要求，嵌填材料色泽一致。

饰面板边缘应整齐。

安装时不得有少钉、漏钉和透钉的现象。

各种配件安装应严密、平整、牢固；结合处应无崩茬、松动现象。

（3）允许偏差项目（表3-12）

木饰面安装允许偏差和检验方法　　　　　　表3-12

项目	允许偏差（mm）		检验方法
	普通	高级	
立面垂直度	1.5	1.0	2m靠尺和塞尺
表面平整度	1	1	2m靠尺和塞尺
阴阳角方正	1.5	1.0	直角检查尺
接缝直线度	1	1	拉5m线，不足5m拉通线，用钢直尺检查
接缝宽度	1	1	钢直尺
接缝高低差	1	0.5	钢直尺和塞尺
踢脚线上口直线度	2	1	拉5m线，不足5m拉通线，用钢直尺检查

4.质量通病预防（表 3-13）

常见木饰面质量通病及预防措施   **表 3-13**

序号	质量通病	通病图片	预防措施
1	木饰面色差较大，观感质量差		（1）单板选择时选用同一树种的木料，有条件时选择同一批次的木料。 （2）油漆施工时，严格参照设计提供的色板，同一区域的木饰面采用同一批次的油漆。 （3）安装前对木饰面的色差进行比对，选择颜色相近的木饰面进行安装，颜色浅的木板应安在光线较暗的墙面上，颜色深的安装在光线较强的墙面上，或者同一墙面上由颜色逐渐加深
2	木饰面接缝处高低差或接缝直线度误差较大，观感质量差		（1）安装过程中应随时对木楔、木龙骨、基层板、挂条的平整度进行检查，并及时进行调整。 （2）安装过程中要执行"三检"制度，发现问题及时调整
3	通缝木饰面阴角处通缝凹槽露基层，观感质量差		通缝木饰面阴角处采用 45°拼角处理
4	木饰面与相邻材质间缝隙较大，露基层，观感质量差		（1）木饰面基层板的含水率应按用途和所处地区的平衡含水率确定。 （2）木饰面与相邻材质应采取叠压收口方式，一般应为受含水率因素形变较小的材料叠压形变较大的材料

续表

序号	质量通病	通病图片	预防措施
5	木饰面表面划痕多，观感质量差		木饰面运输与安装过程中做好成品保护

5. 成品保护

（1）木饰面在包装、存储、运输过程中要注意保护（图 3-73）。安装完成后及时进行成品保护。

（2）安装好的成品或半成品部件不得随意拆动，提前做好水、电、通风、设备等安装作业的隐蔽验收工作。木龙骨及木饰面板安装时，应注意保护顶棚内装好的各种管线、木骨架的吊杆等。

（3）施工部位已安装的门窗，已施工完的地面、墙面、窗台等应注意保护、防止损坏。

（4）搬、拆架子或人字梯时注意不要碰撞成品木饰面或其他已完成部件。

（5）木骨架材料，特别是木饰面板材料，在进场、存放、使用过程中应妥善管理，防止变形、受潮、损坏、污染。

（6）出厂的木制品可见光面应有保护措施，现场安装完毕后，应对 1.5m 以下的木制品易碰触的面、边、角装设保护条、护角板、护角套、保护膜，或对区域封闭，直至验收。

（7）木饰面使用专用保护膜覆盖保护后，应严格掌握撕膜的环境温度。一般室内温度在 20～25℃时，覆膜时间不得超过 150 天；室内温度在 25～35℃时，覆膜时间不得超过 30 天；对有强紫外线照射的环境，因薄膜老化较快，应在 7 天内剥离专用保护膜；对高温高湿使用环境（环境温度 35℃以上，环境相对湿度 80％以上），应在 3 天内剥离专用保护膜（温湿度越高，覆膜时间相应缩短）。

图 3-73　木饰面成品保护

（8）严防水泥浆、石灰浆、涂料、颜料、油漆等后续工序施工材料污染墙面木饰面，不要在已做好的饰面上乱写乱画或脚踢、手摸等，以免造成二次污染。

（9）木饰面成品保护常见通病与正确图片对比见表 3-14。

木饰面成品保护常见通病与正确图片对比

表 3-14

序号	质量通病	通病图片	正确图片
1	大面保护		
2	阳角保护		
3	交叉污染		

项目 3.5　涂饰施工实训

任务　乳胶漆涂饰

[实训要求]

熟悉乳胶漆材料基本知识。

掌握乳胶漆施工工具使用方法。

掌握乳胶漆施工的步骤与技巧。

本任务为室内混凝土墙面涂刷丙烯酸合成树脂乳液涂料施工实训。

1. 前期准备

（1）图纸及施工文件准备

1）仔细听取项目施工技术负责人（或设计师）所做的图纸及技术交底，对已批准的设计图纸及深化图纸进行研读，检查施工方案的完整性、合理性，熟悉材料的性能和要求。对图纸进行现场复核，发现问题及时反馈给深化设计人员。

2）了解图纸内容，熟悉产品的品种、规格、颜色性能和要求，墙面处理方法以及环保要求等。

3）安装施工前熟悉施工方案并已接受施工交底，熟悉施工中需要注意的事项，包括技术要点、质量要求、安全文明施工、成品保护等。

（2）材料准备

1）所选用材料的有害物质含量必须满足《民用建筑工程室内环境污染控制规范》GB 50325 的规定。

2）丙烯酸合成树脂乳液涂料应有产品合格证及使用说明（图 3-74）。

图 3-74　涂料、产品合格证

3）抗碱封闭底漆、成品腻子等应有产品合格证及使用说明。厨房、厕所、浴室必须使用耐水腻子（图 3-75）。

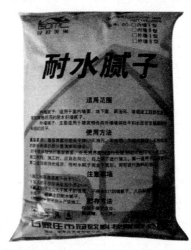

图 3-75　抗碱底料、耐水腻子

（3）现场准备

1）统一测定轴线控制线和建筑标高 0.5m 或 1m 线，并标识清楚，统一管理，以此控制完成面的标高。重点检查房间的几何尺寸，提前做好室内控制线的放线工作，复核现场各处尺寸，发现问题及时反馈给深化设计人员。

2）施工环境温度应在 5～35℃之间，相对湿度小于 60%，冬期施工要求在供暖条件下进行。

3）墙面应基本干燥，基层含水率不大于 8%。

4）墙面表面平整度用 2m 水平尺检查，偏差不得大于 3mm。

5）墙面基层表面应密实，不应有起砂、蜂窝和裂缝等缺陷，平整度、强度应符合设计或标准的要求。

6）墙面垫层以及预埋在墙面的各种沟槽、管线、预埋件安装完毕，经检验合格并做隐蔽记录。

7）抹灰作业全部完成，过墙管道、洞口、阴阳角等处应提前抹灰找平修整，并充分干燥。

8）门窗玻璃安装完毕，湿作业的地面施工完毕，管道设备试压完毕。

（4）机具准备

1）电（气）动工具：搅拌机、电动砂纸机、空气压缩机等（图 3-76、图 3-77）。

图 3-76　砂纸机　　　　　　　　　　　　图 3-77　搅拌机

2）手动工具：高凳、脚手板、小铁锹、擦布、开刀、胶皮刮板、钢片刮板、腻子托板、扫帚、小桶、排笔、刷子、80目筛等。

2. 工艺流程及施工要点

（1）工艺流程（图 3-78）

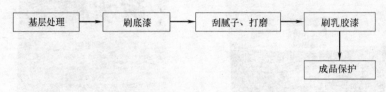

图 3-78　乳胶漆涂饰工艺流程

（2）施工要点

1）基层处理

施工前应先对基层进行检查、验收，确保基层表面坚实、平整、干燥，无空鼓、浮浆、起砂、裂缝等现象。如混凝土表面有水泡、气孔、蜂窝、麻面等，应先剔到实处后，采用1：3水泥砂浆或掺水泥量15％的聚合物水泥砂浆进行修补。如基层表面有油污、铁锈等，应采用钢丝刷、砂纸或有机溶剂进行彻底清洗。表面的凸起物及附着在基层表面的颗粒杂质等需要铲除并清扫，用水泥砂浆补抹，清理残留的灰渣，扫净墙面（图 3-79）。

图 3-79　基层处理

图 3-80　刷底漆

2）刷底漆

按从上至下、从左至右的顺序刷涂抗碱封闭底漆，不得遗漏。旧墙面在涂饰涂料前应清除疏松的旧装饰层并涂刷界面剂（图 3-80）。

3）刮腻子、打磨

刮腻子遍数可由墙面平整程度决定，一般情况为三遍。第一遍用胶皮刮板横向满刮，后一刮板紧接着前一刮板，接头不得留槎。每刮一板最后收头要干净利落（图 3-81）。腻子干燥后用砂纸打磨，将浮腻子及斑迹磨光，再将墙面清扫干净。第二遍找补阴阳角及坑凹处，使阴阳角顺直，用胶皮刮板横向满刮，所用材料及方法同第一遍腻子，干燥后用砂纸磨平并清扫干净。第三遍用胶皮刮板找补腻子，将墙面刮平刮光，干燥后用细砂纸磨平磨光，不得遗漏或将腻子磨穿（图 3-82）。

图 3-81　刮腻子　　　　　　　　　　　　　　　图 3-82　打磨

4）刷乳胶漆

涂刷顺序是先刷顶板后刷墙面，墙面是先上后下、从左至右、先细部后大面。保持涂层均匀，不露底、不流坠、色泽均匀。乳胶漆的施工不限定喷涂的遍数，一般以达到施工质量要求为准，但一般情况下，至少包括底层涂料一遍，面层涂料两遍。将涂料调至施工所需黏度，装入贮料罐或压力供料筒中。打开空气压缩机，调节施工压力至 0.4～0.6MPa。喷涂作业时，喷枪行走的轨迹应与墙面平行（垂直），喷嘴与墙面的距离一般控制在 400～600mm。喷枪运行速度应适宜并保持一致，一般速度为 400～600mm/min。喷涂应逐行或逐列进行，喷涂的走向应为之字形，行与行间的搭接宽度为喷嘴喷涂宽度的1/3～1/2。

3. 验收标准

（1）主控项目

所用材料品种、型号、颜色、性能等应符合设计要求。所选用乳胶漆有害物质含量必须满足《民用建筑工程室内环境污染控制规范》GB 50325 的规定。

乳胶漆涂饰工程的颜色、光泽和图案应符合设计要求。

乳胶漆涂饰工程应涂饰均匀，粘结牢固，无漏涂、透底、脱皮、反锈和斑迹。

新建筑物的混凝土在涂饰涂料前应涂刷抗碱封闭底漆。

（2）一般项目

涂层与其他装修材料和设备衔接处应吻合，界面应清晰。

混凝土及抹灰面刷乳胶漆的质量和检验方法应符合表 3-15 的规定。

（3）允许偏差项目（表 3-16）

混凝土及抹灰面刷乳胶漆的质量和检验方法　　　　表 3-15

项次	项目	普通涂饰	高级涂饰	检验方法
1	颜色	均匀一致	均匀一致	观察
2	泛碱、咬色	允许少量轻微	不允许	
3	流坠、疙瘩	允许少量轻微	不允许	
4	砂眼、刷纹	允许少量轻微砂眼、刷纹通顺	无砂眼、无刷纹	
5	装饰线、分色线直线度允许偏差(mm)	2	1	拉 5m 线,不足 5m 拉通线,用钢直尺检查
6	门窗、五金玻璃等	洁净	洁净	观察

墙面乳胶漆涂饰施工允许偏差和检验方法　　　　表 3-16

项目	允许偏差(mm)		检验方法
	普通	高级	
颜色	均匀一致	均匀一致	观察
泛碱、咬色	允许少量轻微	不允许	
流坠、疙瘩	允许少量轻微	不允许	
砂眼、刷纹	允许少量轻微砂眼,刷纹通顺	无砂眼、无刷纹	
装饰线、分色线直线度	2	1	拉 5m 线,不足 5m 拉通线,用钢直尺检查

4. 质量通病预防（表 3-17）

常见乳胶漆涂饰质量通病及预防措施　　　　表 3-17

序号	质量通病	通病图片	预防措施
1	透底		(1)涂饰的遍数应根据乳胶漆的遮盖程度确定。 (2)涂饰施工应保持涂料乳胶漆的稠度,不可加过多稀释剂
2	接槎明显		喷涂时,行与行之间至少重叠 1/3～1/2

序号	质量通病	通病图片	预防措施
3	电管线槽部位的乳胶漆墙面产生裂缝		（1）预埋管线深度（管线外表面与原粉刷面层或原砖墙面的距离）达到15mm以上，并使管卡固定牢固。 （2）管槽内垃圾必须清理干净。槽内粉刷前需浇水湿润，并冲洗干净。 （3）水泥砂浆补槽时应分层抹灰，待基层强度达到50％以上，贴网格布粉刷面层水泥砂浆。粉刷层干后贴纸胶带批腻子

5. 成品保护

（1）喷涂前应做好顶、墙、地等部位已完成饰面的保护工作。

（2）涂料墙面未干前室内不得清扫地面，以免粉尘污染墙面，漆面干燥后不得接近墙面泼水，以免泥水污染。

（3）涂料墙面完工后要妥善保护，不得磕碰损坏。

（4）涂刷墙面时，不得污染地面、门窗、玻璃等已完工程。

项目3.6 裱糊与软硬包施工实训

裱糊装饰工程是指将各种壁纸、金属箔、丝绒、锦缎等材料粘贴在墙面、顶棚、梁、柱表面的工程。裱糊材料多为工厂化预制加工，其品种繁多，色彩丰富，花纹、图案变化多样，质感强烈，具有良好的装饰效果。裱糊工程为现场施工，简单方便，一般工程投入也不大，广泛用于宾馆、饭店、会议室、办公室及民用住宅的内墙装饰。目前裱糊工程使用较多的裱糊材料有壁纸、墙布两大类。

任务3.6.1 壁纸施工

［实训要求］

熟悉壁纸裱糊的基本构造知识。

掌握壁纸裱糊工具的操作使用。

掌握壁纸裱糊的步骤与技巧。

壁纸裱糊是将壁纸用胶粘剂裱糊在建筑结构基层的表面上。由于壁纸的图案、花纹丰富，色彩鲜艳，故显得室内装饰豪华、美观、艺术、雅致。壁纸还对墙壁起到一定的保护作用。

本任务为混凝土基层墙面粘贴壁纸施工实训。

1. 前期准备

（1）图纸及施工文件准备

1）仔细听取项目施工技术负责人（或设计师）所做的图纸及技术交底，对已批准的设计图纸及深化图纸进行研读，确定壁纸安装顺序并编号，检查图纸的完整性、合理性，熟悉产品的性能和要求。对深化图纸进行现场复核，发现问题及时反馈给深化设计人员。

2）了解图纸应包含的内容：材料的品种、规格、颜色和性能，壁纸的燃烧性能等级、环保要求，基层处理的方式，壁纸的铺贴位置、面积、安装顺序及收口、收头方式等。

3）安装施工前熟悉施工方案并已接受施工交底，熟悉施工中需要注意的事项，包括技术要点、质量要求、安全文明施工、成品保护等。

（2）材料准备

1）壁纸的环保要求及燃烧性能等级符合设计及国家标准要求。

2）壁纸的材质、颜色、图案符合设计要求，其产品合格证书、性能检测报告、进场检验记录符合要求。

3）壁纸封闭底胶、壁纸胶、腻子、耐碱玻璃纤维网格布等的质量、性能、环保要求等符合要求，其产品合格证书、性能检测报告、进场检验记录符合要求。

（3）现场准备

1）统一测定轴线控制线和建筑标高 0.5m 或 1m 线，并标识清楚，统一管理，以此控制完成面的标高。重点检查房间的几何尺寸，提前做好室内控制线的放线工作，复核现场各处尺寸，发现问题及时反馈给深化设计人员。

2）裱糊工程基层坚实、平整，表面光滑，不疏松起皮、掉粉，无砂粒、孔洞、麻点和毛刺，污垢和浮尘要清理干净，表面颜色应一致，基层颜色一致。如基层色差大，选用的是易透底的薄型壁纸，粘贴前应先进行基层处理，使其颜色一致。

3）混凝土或抹灰基层含水率不得大于 8%。

4）对湿度较大的房间和经常潮湿的墙体表面，应采取必要的防潮、防水措施。

5）在裱糊施工过程中及裱糊饰面干燥之前，应避免气温突然变化或穿堂风。

6）水、电、风、设备等专业，顶、墙部位预留、预埋件已留设，隐蔽验收合格，记录完整。

7）电气穿线、测试完成并合格，各种管路打压、试水完成并合格，并做好成品保护。

8）地面工程已完成，顶、墙面的涂饰、饰面砖（板）等施工已完成，并验收合格，并做好成品保护。

9）如房间较高应提前准备脚手架。

（4）工具准备

1）电动工具：电动搅动棒、红外线激光仪、壁纸上胶机等。

2）手动工具：台秤、料筒、托灰板、油灰刀、钢板抹子、钢卷尺、工作台、剪刀、刮板（钢片、橡胶）、壁纸刷、排笔、滚筒刷、羊毛刷、壁纸压平滚、壁纸接缝滚、水平检测尺、垂直检测尺、注射用针管和针头、高凳等。

3）耗材：砂纸、壁纸刀、干净毛巾、美纹纸、专用保护膜、软木等。

2. 工艺流程及施工要点

（1）工艺流程（图 3-83）

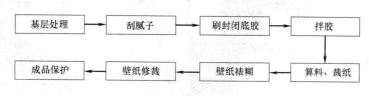

图 3-83　壁纸施工工艺流程

（2）施工要点

1）基层处理

水平基准线已按要求标记好，误差在允许范围以内。基层含水率符合要求，如为外墙内面、卫生间隔墙背面等经常受潮墙面，墙面须在安装前做防潮隔离层。基层表面平整度、垂直度、牢固度符合安装要求。吊顶、地面分项工程的进度符合安装要求，水、电、风、暖、设备、管线及末端的安装已完成，电气穿线、测试完成并合格，各种管路打压、试水完成并合格，并做好成品保护。

2）刮腻子

腻子的刮法视基层的情况而定，可满刮一遍或两遍。

刮腻子前，要先将墙面清扫干净，然后用橡胶刮板满刮一遍。刮腻子时要有规律，要一板排一板，两板中间顺一板，既要刮严，又不能有明显的接槎和凸痕。要掌握凸处刮薄，凹处刮厚，大面积找平的方法。腻子干后用砂纸打磨平整，并扫净墙面。需要增加刮腻子遍数的基层，要先将上道腻子表面的裂缝和凹面处刮平，然后打磨砂纸，扫净墙面，满刮一遍后，再用砂纸打磨。刮腻子时特别注意阴阳角、窗台下口、暖气管道后、踢脚板接缝等部位的处理，必须认真检查、修整。

面层腻子刮完，干至六、七成左右时，可以用塑料刮板有规律压光，最后用干净的毛巾擦去表面的灰尘，如图 3-84 所示。

图 3-84　刮腻子后的基层清理

3）刷封闭底胶

将封闭底胶按适当比例加入清水稀释，并充分搅拌，如图 3-85 所示。涂刷时，室内应无灰尘，防止灰尘、杂物混入底胶中。底胶要涂刷均匀，一次成活，不能漏刷、漏喷。干燥时间 2~3h，施工完全干燥后才能进行壁纸施工。

4）拌胶

将胶粉（胶液）开封后，加入适量清水中进行搅拌。边加粉边搅拌，以免结团。待胶粉（胶液）充分溶于水后，停止搅拌，并等候 10~15min，胶粉（胶液）完全糊化后才能使用，如图 3-86 所示。

5）算料、裁纸

按设计要求决定壁纸的粘贴方向。根据基层实际尺寸测量计算所需用量，每边增加

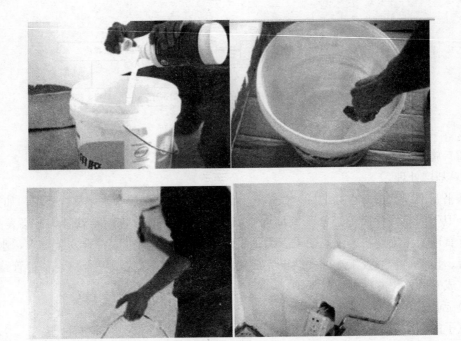

图 3-85 涂刷基膜

图 3-86 拌制胶粉和胶浆

20～30mm 作为裁纸量。

在裁纸台案上裁纸，台案要清洁、平整。用壁纸刀、剪刀将壁纸按设计要求进行裁切。对有图案的材料，应从粘贴的第一张开始对花，墙面从上至下粘贴。一边裁一边编序号，以便按顺序粘贴，如图 3-87 所示。

6) 壁纸裱糊

施工前将 2～3 块壁纸刷胶，使壁纸充分湿润、软化，刷完胶的壁纸要胶面相对反复对叠，避免胶干的太快。基层、壁纸背面要同时刷胶，基层刷胶要比壁纸略宽 30mm 左右，如图 3-88 所示。

裱贴壁纸时，先要垂直，后对花纹拼缝，再用刮板用力抹压平整，如图 3-89 所示。其原则是先垂直面后水平面，先细部后大面。贴垂直面时先上后下，贴水平面时先高后低。粘贴第一张壁纸时，在墙角处找基准线，用刮板从上至下、由中间向两侧轻轻压平、

图 3-87　测量、裁切壁纸

刮抹，使壁纸与墙体贴实。第一张壁纸贴粘时两边各甩出 10～20mm 轻压，第二张壁纸与第一张壁纸搭接10～20mm，用钢板尺在裁切处对齐，用壁纸刀自上而下裁切壁纸。注意裁切时的力度，不能划伤基层腻子及封闭底胶。将多余壁纸撕除，用橡胶刮板将缝隙刮严、压平、压实。用湿毛巾将接缝处的胶痕及时清理干净。

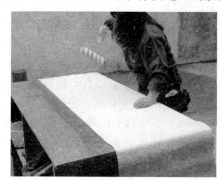
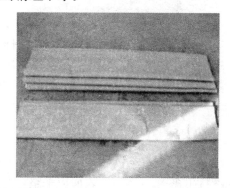

图 3-88　刷胶粘剂

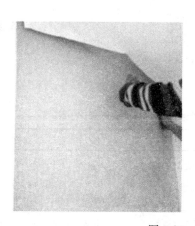
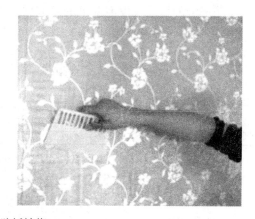

图 3-89　壁纸裱糊

7）壁纸修裁

裱糊过程中遇到电源开关等处，应先将此处壁纸切成十字交叉开口，再用刮板压住开关四周，裁掉多余壁纸，最后擀平壁纸，如图 3-90 所示。

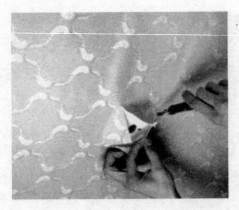

图 3-90　电源开关处的做法

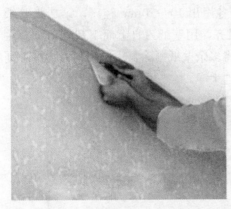

图 3-91　裁掉各部位多余壁纸

壁纸饰面层经过检查、修整后，确认无质量缺陷时，可用裁刀将各部位壁纸余量割去，擦净各接缝处的胶痕，如图 3-91 所示。

3. 验收标准

（1）主控项目

壁纸（墙布）的种类、规格、图案、颜色和燃烧性能等级必须符合设计要求及国家现行标准的有关规定。

裱糊后各幅拼接应横平竖直，拼接处花纹、图案应吻合，不离缝，不搭接，不显拼缝。

壁纸（墙布）应粘贴牢固，不得有漏贴、补贴、脱层、空鼓和翘边。

（2）一般项目

裱糊后的壁纸（墙布）表面应平整，色泽应一致，不得有波纹起伏、气泡、裂缝、皱折及斑污，斜视时应无胶痕。

压花壁纸的压痕及发泡壁纸的发泡层应无损坏。

壁纸（墙布）的各种装饰线、设备线盒应交接严密。

壁纸（墙布）边缘应平直、整齐，不准有纸毛、飞刺。

壁纸（墙布）阴角处搭接应顺光，阳角处应无接缝。

4. 质量通病预防（表 3-18）

常见壁纸施工质量通病及预防措施　　　　　　　　　　　　表 3-18

序号	质量通病	通病图片	预防措施
1	饰面层出现色差		（1）壁纸（墙布）裱糊前应检查质量，将褪色的壁纸（墙布）裁掉。确认壁纸（墙布）的色相一致，并避免在有阳光直接照射或有害气体的环境中施工。 （2）基层必须干燥且颜色一致，含水率不准超过 8%

续表

序号	质量通病	通病图片	预防措施
2	壁纸局部出现死褶和气泡		（1）裱糊时先展平壁纸（墙布），后赶压、刮平。 （2）刷胶时不要漏刷，胶液涂刷要均匀，壁纸（墙布）粘贴后用刮板将多余胶液和气泡赶出
3	局部翘边	翘边	（1）裱糊前清理基层、修补基层缺陷，粘贴时基层含水率应符合规定。 （2）对进场的胶粘剂质量有疑问时，应先做局部试验，确认其粘结力合格。 （3）不允许在阴角处出现对缝，壁纸（墙布）阳角处裹角不应小于20mm，包角处选用粘性较强的胶粘剂，并应做到粘贴牢固，不出现空鼓、气泡。 （4）刷胶要均匀，并避免刷胶放置时间过长
4	透底、咬色		（1）基层颜色较深，壁纸（墙布）厚度薄，遮盖不住基底时，用厚白漆进行覆盖。 （2）基层结构预埋件刷防锈漆或厚白漆进行覆盖。 （3）基层表面污染后应及时清除

5. 成品保护

（1）腻子施工前对已完工的墙、地面进行保护及对管线进行封堵。

（2）裱糊壁纸过程中及施工完成后，严禁非操作人员随意触摸墙纸，胶痕必须及时清理干净，如图 3-92 所示。

（3）裱糊完成的房间应及时清理干净，不得用作料房或休息室，避免污染和损坏。

（4）壁纸施工完成后，室内要及时清理并保持干净，关闭门窗，确保墙面不渗水、不返潮。

（5）其他后续工种施工时，应注意保护墙纸，防止污染和损坏。严禁在已裱糊好壁纸的顶、墙上剔眼打洞。

图 3-92　成品保护

121

（6）脚手架、梯子等使用过程中注意包脚，不得损坏已完工的地面材料。

任务 3.6.2 软包施工

[实训要求]

熟悉软包基本构造知识。

掌握软包安装工具的操作使用。

掌握软包安装施工的步骤与技巧。

软包是现代建筑室内墙面一种常用的装饰做法，它的主要特点是质感温暖舒适、美观大方，并具有吸声、隔声和保温的功能，广泛地用于有吸声要求的多功能厅、娱乐厅、会议室和儿童卧室等墙面装饰。软包墙面装饰构造一般由底基层、填芯层和罩面层三部分组成。软包施工按安装位置分为墙、柱面软包，门扇软包，家具软包等。按安装的方法分为挂装法、胶粘法、压条法等。

本任务为混凝土墙面挂装木框软包施工实训。

1. 前期准备

（1）图纸及施工文件准备

1）仔细听取项目施工技术负责人（或设计师）所做的图纸交底，对已批准的设计图纸及深化图纸进行研读。检查图纸的完整性、合理性，确定软包安装顺序并编号，熟悉产品的安装要求。对深化图纸进行现场复核，发现问题及时反馈给深化设计人员。

2）了解图纸应包含的内容：材料的品种、规格、外观、尺寸、防火等级，预埋件、连接件、门窗洞口及设备点位等的数量、位置、规格清晰、准确。

3）安装施工前熟悉施工方案并已接受施工交底，熟悉施工中需要注意的事项，包括技术要点、质量要求、进度要求、安全文明施工、成品保护等。

（2）材料准备

1）软包工程所选用的面料、内衬材料、胶粘剂、细木工板、胶合板等应有产品合格证书、性能检测报告、进场验收记录等，人造木板的甲醛含量应进行复验。

2）软包工程所使用材料的材质、颜色、图案、燃烧性能等级及木材含水率应符合设计要求及国家现行标准的有关规定，所用材料应符合国家有关建筑装饰装修材料有害物质限量标准的规定。

（3）现场准备

1）统一测定轴线控制线和建筑标高 0.5m 或 1m 线，并标识清楚，统一管理，以此控制完成面的标高。重点检查房间的几何尺寸，提前做好室内控制线的放线工作，复核现场各处尺寸，发现问题及时反馈给深化设计人员。

2）墙面的平整度、垂直度应进行检查，其误差符合要求，基层牢固度符合安装要求。

3）混凝土基层含水率不得大于 8%。

4）室内湿作业完成，地面和顶棚施工已经全部完成（地毯可以后铺）。

5）不做软包的部分墙面面层施工基本完成，只剩最后一遍涂层。

6）室内清扫干净。

7）如为外墙内面、卫生间隔墙背面等经常受潮墙面，须在安装前做防潮隔离层。

8）软包墙、柱面上的水、电、风、暖、设备专业预留、预埋必须全部完成，电气穿线、测试完成并合格，管路打压、试水完成并合格，末端已定位。

（4）机具准备

1）电（气）动工具：空气压缩机、气动钉枪、电动线锯机、电动螺丝刀、缝纫机、电熨斗、红外线激光仪等。

2）手动工具：钢卷尺、钢直尺、直角尺、锯、锤、刨、工作台、剪刀、墨斗（线）等。

3）耗材：砂纸、铅笔、排笔、混筒刷、羊毛刷、擦布或棉丝等。

2. 工艺流程及施工要点

（1）工艺流程（图 3-93）

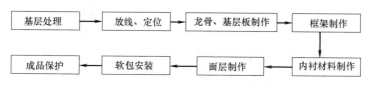

图 3-93　混凝土墙面挂装木框软包工艺流程

（2）施工要点

1）基层处理

详见任务 3.6.1 壁纸施工的 2. 工艺流程及施工要点的基层处理。

2）放线、定位

根据深化图纸的软包完成面，在地面弹出沿顶、沿地龙骨的定位线。在沿顶、沿地龙骨的中心线处定位龙骨固定点，间距不大于 600mm，端头处不大于 300mm。在需做软包的墙面上，按设计要求的竖向龙骨间距进行弹线，设计无要求时，间距一般不大于600mm。如遇阴、阳角，龙骨间距离不足 600mm 时，应增设一根龙骨。在竖向龙骨定位线上，定位龙骨固定点，间距不大于 600mm。放线过程中应注意避开设备、管线末端的位置。

3）龙骨、基层板制作

在定好位的龙骨固定点上用冲击钻打孔，孔径根据膨胀螺栓的规格确定，深度不小于60mm。用膨胀螺栓固定沿顶、沿地龙骨。用膨胀螺栓将 U 形安装夹（支撑卡）固定在墙面上。将竖向龙骨卡入 U 形安装夹（支撑卡）两翼之间，并插入沿顶、沿地轻钢龙骨之间。铺钉基层板时，设计无要求时宜采用 E_1 级细木工板或胶合板，铺钉用钉的长度应比底板厚度厚 20mm 以上。

根据设计要求的装饰分格、造型等尺寸在安装好的基层板上进行吊直、套方、找规矩、弹控制线等工作。按设计确认的深化设计图纸，将分格、造型按 1：1 比例反映到墙、柱面基层板上。

4）框架制作

　　根据弹好的控制线，进行框架、衬板制作和内衬材料粘贴。衬板按设计要求选材，设计无要求时，应采用 9mm 的环保型胶合板按弹好的分格线尺寸下料制作。在衬板一面的四周钉上一圈木条做软包的框架。木条的规格、倒角形式按设计要求确定，设计无要求时，木条厚度应根据内衬材料厚度决定。一般情况下，木条尺寸不小于 10mm×10mm，一角应做成不小于 5mm×5mm 的圆角或斜角，木条要进行封闭处理。衬板做好后应先上墙试装，以确定其尺寸是否正确，分缝是否通直、不错台，木条高度是否一致、平顺，然后将其取下并在衬板背面编号，标注安装方向。

　　5）内衬材料制作

　　内衬材料的材质、厚度按设计要求选用。设计无要求时，须选用阻燃环保型材料，厚度应大于 10mm。内衬材料要按照衬板上所钉木条内侧的实际净尺寸剪裁下料。内衬材料四周与木条之间必须吻合、无缝隙，高度宜高出木条 1~2mm，用环保型胶粘剂平整地粘贴在衬板上。

　　6）面层制作

　　软包面层采用织物和人造革时，不宜进行拼接，采购订货时要充分考虑设计分格、造型等对幅宽的要求。由于受幅面影响，皮革使用前必须进行拼接下料的，拼接时各块的几何尺寸不宜过小，必须使各块皮革的鬃眼方向保持一致，接缝形式应符合设计和规范要求。

　　用于面层施工的织物、人造革等的花色、纹理、质地必须符合设计要求，同一场所必须使用同一匹面料。面料制作前，必须确定正反面、面料的纹理及纹理方向。在正放的情况下，织物面料的经纬线应垂直和水平。用于同一场所的所有面料，纹理方向必须一致，尤其是起绒面料。织物面料要先进行拉伸熨烫。

　　7）软包安装

　　一般情况下，幅面较大或较重的软硬包应采用挂装的方法安装，幅面较小且较轻的软硬包也可以用胶粘剂粘贴。安装应牢固无松动，板面应横平竖直，花纹图案吻合，工艺线跟通挺直。与其他材料收口处，接缝要均匀一致。

　　3. 验收标准

　　（1）主控项目

　　软包面料、内衬材料及边框、压条的材质、颜色、图案、燃烧性能等级及有害物质含量应符合设计要求及国家标准的有关规定，木材的含水率应不大于 12%。

　　安装位置及构造做法应符合设计要求。

　　龙骨、衬板、边框、压条应安装牢固，无翘曲，拼、接缝应平直。

　　单块软包面料不宜有接缝，四周应绷压严密。

　　（2）一般项目

　　软包工程表面应平整、洁净，表面无明显凹凸不平及皱折，图案应清晰、无色差，整体应协调美观。

　　边框、压条应平整、顺直，接缝吻合。

　　清漆涂饰木制边框、压条的颜色、木纹应协调一致。

　　（3）允许偏差项目（表 3-19）

软包工程安装的允许偏差和检验方法　　表3-19

项　目	允许偏差(mm)	检　验　方　法
垂直度	3	用2m垂直检测尺、塞尺检查
边框、压条宽度	0~2	用钢直尺检查
边框、压条高度		
对角线长度差	3	用钢卷尺检查
裁口、线条接缝高低差	1	用钢直尺和塞尺检查

4. 质量通病预防（表3-20）

常见软包施工质量通病及预防措施　　表3-20

序号	质量通病	通病图片	预防措施
1	接缝不垂直、不水平		在开始铺贴第一块面料时必须认真检查，发现问题及时纠正。特别是在预制镶嵌软包工艺施工时，各块预制衬板的制作、安装更要注意对花和拼花
2	软包在使用一段时间后，布面出现起皱现象		（1）选材时注意布面材料的收缩性能，制作过程中把布尽量拉紧。不要选用双层布，有要求的可以定制具有双层效果的单层布。垫层可采用新型热熔胶玻纤板。 （2）在布的背面刷一层薄胶，以不渗透布面为标准，然后再进行下道工序
3	用枪钉固定，枪钉痕迹明显		如安装必须要用枪钉固定时，可在隐蔽的部位或人的正常视线范围以外的部位进行固定

5. 成品保护

（1）安装过程中，非操作人员严禁触摸软包面层。

（2）操作时，边缝要切割修整到位，胶痕、灰尘等应及时擦除干净。

（3）安装完成后，及时清理房间并封闭，不得用于堆料或其他用途，软包表面应用专用保护膜进行封包处理。

（4）电气、设备安装或油漆等后续施工、维修过程，应注意保护墙面，防止面层污染。

单元4 顶 棚 工 程

吊顶又称顶棚、天花板，是建筑装饰工程的一个重要子分部。顶棚工程，是以轻钢龙骨、铝合金龙骨、木龙骨、钢龙骨为骨架，以石膏板、水泥板、矿棉板、金属板、铝塑板、木板、玻璃、格栅等为罩面材料组成的吊顶系统。根据龙骨的外露和封闭，吊顶工程有明龙骨吊顶和暗龙骨吊顶；根据设计要求选用的龙骨及配件分为上人和不上人两种。

顶棚工程具有改善室内环境，满足使用功能要求，同时装饰室内空间，安置设备管线的作用，既满足使用功能的物质要求，又要满足人们精神需要的作用。顶棚是空间装饰的重要组成部分。本单元主要介绍轻钢龙骨纸面石膏板吊顶、铝合金T型龙骨矿棉板吊顶、金属吊顶（集成吊顶、格栅吊顶）施工。

项目4.1 石膏板吊顶施工实训

任务 轻钢龙骨纸面石膏板吊顶

[实训要求]
熟悉轻钢龙骨纸面石膏板吊顶的基本构造知识。
掌握施工机具的操作使用。
掌握轻钢龙骨纸面石膏板吊顶的工艺流程及施工要点。

1. 前期准备
（1）图纸及施工文件准备
1）对已批准的设计图纸及深化图纸进行研读，检查设计及深化图纸的完整性、合理性，以及各机电专业设备末端点位图的正确性，熟悉产品的性能和要求。对深化图纸进行现场复核，发现问题及时反馈给深化设计人员。

2）了解图纸应包含的内容：材料的品种、规格、颜色和性能，材料的燃烧性能等级，预埋件和连接件的数量、规格、位置、防腐处理以及环保要求，轻钢龙骨纸面石膏板的生产加工要求、安装顺序及收口、收头方式等。

3）安装施工前编制施工方案，重点阐明施工中需要注意的事项，包括技术要点、质量要求、安全文明施工、成品保护等。

（2）材料准备

1）材料应有产品合格证书、性能检测报告、进场验收记录等。

2）对人造木板的甲醛含量经现场见证取样复验合格。

3）木基层涂刷的防火涂料在进场前应检查合格证、检验报告（图 3-8），并进行现场见证取样送检，待合格后方可使用。

4）所有龙骨的规格、厚度及其配件应符合《建筑用轻钢龙骨》GB/T 11981—2008 的规定，不得有扭曲、变形等。

5）安装龙骨的紧固件采用镀锌制品。

6）基层板材料中是否有腐朽、弯曲、脱胶、变色及加工不合格的部分，若有应剔除。

7）吊顶内填充的隔声、隔热材料的品种和铺设厚度应符合设计要求，并应有防散落措施。

8）轻钢龙骨纸面石膏板吊顶所需要材料（图 4-1）

轻钢龙骨包括轻钢主龙骨、副龙骨、边龙骨、收边龙骨。

轻钢龙骨配件包括主龙骨连接件、覆面龙骨连接件、插接连接件、吊件。

面层材料：纸面石膏板。

五金及吊杆：吊筋、膨胀螺栓、螺帽、机螺丝、自攻螺丝。

面层处理材料：防锈漆、板缝腻子、板缝胶带。

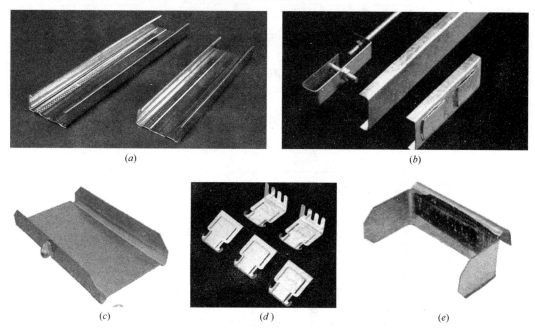

图 4-1　主龙骨、吊挂、连接件

（a）副龙骨；（b）主龙骨、主龙骨吊件、主龙骨接长件；（c）副龙骨接长件；（d）副龙骨吊件；（e）挂插件

（3）现场准备

1）龙骨安装前，应按照设计要求对房间净高、洞口标高和吊顶内管道、设备及其支架的标高进行交接检验，办理相关手续。

2）检查设备管道安装完成情况，如有交叉作业，应进行合理安排。

3）水平基准线，如 0.5m 线或 1.0m 线等，经过仪器复验，其误差应在允许误差以内。

4）如需要使用胶粘剂粘接，需要检查室内温度，不宜低于 5℃。

5）房间的吊顶、地面分项工程基本完成，并符合设计要求。地面的湿作业工作须结束，且湿度应符合要求。吊顶封板已经完成，如未完成，需要确定吊顶完成面线。

（4）施工机具准备

1）电（气）动工具：电锤、冲击钻、射钉枪、电焊机、电锯、手提电刨、气泵、砂轮切割机、电动手提切割机、电动螺钉钻、手提电钻、修边机、开孔机、气钉枪。

2）常用工具：吊坠、水平管、墨斗、尼龙绳、锤子、扳手、钳子、螺丝刀、美工刀、打胶枪。

3）测量器具：水准仪、激光水准仪、靠尺、钢直尺、塞尺、直角检测尺、垂直检测尺、卷尺、测距仪、垂直投线仪、激光投线仪、水平尺。

2. 工艺流程及施工要点

（1）工艺流程（图 4-2）

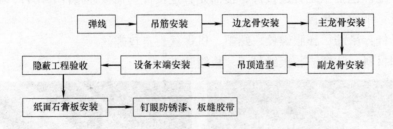

图 4-2　轻钢龙骨纸面石膏板吊顶工艺流程

（2）施工要点

轻钢龙骨纸面石膏板安装构造如图 4-3 所示。

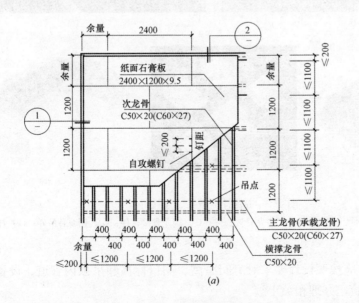

（a）

图 4-3　轻钢龙骨纸面石膏板吊顶构造（mm）

（a）吊顶安装示意图

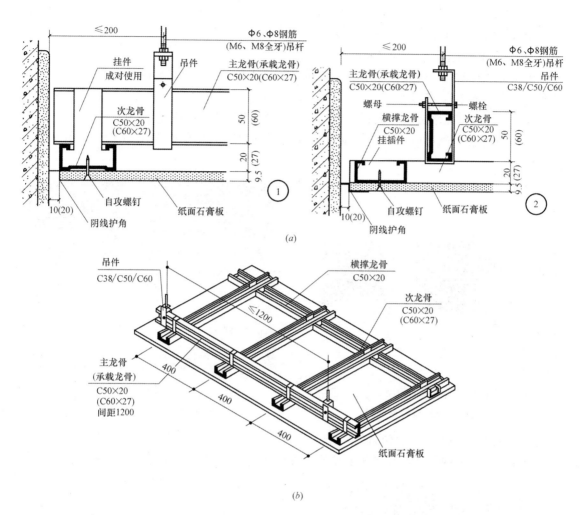

图 4-3　轻钢龙骨纸面石膏板吊顶构造（mm）（续）

（a）吊顶安装示意图；（b）不上人吊顶示意图

图 4-4　墙面 1m 线

图 4-5　弹顶面标高线

1）弹线

弹线清晰，位置正确。

① 在墙柱面上弹设顶棚标高线

根据水平基准线，按照设计吊顶标高在墙面和柱面上测定吊顶标高基准点，弹出吊顶水平标高线（图4-4、图4-5）。

如顶棚为高低跌级造型，则相应跌级处高、低顶棚的标高均应标出。

② 在地面弹出吊顶造型线，用垂直投线仪反到顶面，在顶面弹出造型线（图4-6～图4-8）。

图4-6　地面弹出顶面造型线、设备末端位置线

图4-7　楼板底吊顶造型线、设备末端位置线

③ 在楼板底弹出主龙骨位置线，吊点的位置线。

根据主龙骨的布置图，在楼板底确定主龙骨中心线位置控制点，在顶面弹出主龙骨中心线；在主龙骨上弹出吊点位置线，吊点位置线应测量准确，不可遗漏。依据设计或标准图确定吊点间距。吊杆间距不大于1200mm，吊杆距主龙骨端部的距离，不得大于300mm，否则，应增设吊杆。

④ 弹灯具、电扇、喷淋头等设备末端位置和顶棚检修口的控制线。

上述各类线弹完后，须认真复核。所有线条应清晰，位置应准确，不得有遗漏。

图4-8　楼板底吊顶造型线、设备末端位置线

2）吊筋安装

① 根据设计选择吊筋，吊筋一般采用 $\phi 8 \sim \phi 10$ 镀锌全牙丝杆吊筋。

② 吊筋间距不大于1.2m。

③ 根据吊顶面和楼板底高度，确定吊筋长度。

④ 在吊点位置用电锤钻眼，安装膨胀螺栓和吊筋，如图4-9所示。

⑤ 当吊杆与设备相遇时，应调整并增设吊杆。

遇大口径风管应另安装钢支架固定吊杆，以保证间距不大于1.2m，以增强吊顶基层

图 4-9　楼板底吊筋安装

整体稳定性和抗变形能力。

⑥ 当吊筋长度大于 1.5m 时，应设置反支撑（图 4-10）。

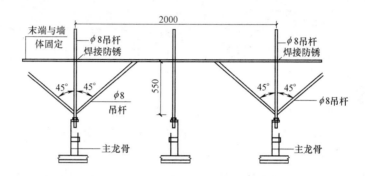

图 4-10　反支撑设置方法（mm）

3）边龙骨安装

根据吊顶标高线，向上弹出覆面龙骨底面标高线，安装边龙骨，边龙骨一般采用轻钢龙骨，有时候选用木龙骨；龙骨和墙之间用钢钉固定。安装好的边龙骨，可以作为后续安装龙骨的搁置点或起始固定点。

4）主龙骨安装

吊杆与主龙骨用吊挂件连接，按分档线位置组装主龙骨（图 4-11、图 4-12）。

① 在吊杆上通过上下两个螺帽在设计标高处安装主吊件。

② 将主龙骨穿越主吊件并用穿芯丝固定，主龙骨用吊挂件连接在吊杆上，拧紧螺帽，相邻两个吊挂的方向相反，相邻两个主龙骨正反安装。

图 4-11　主龙骨安装

③ 通过主连接件连接主龙骨，并用主龙骨螺丝固定。

④ 吊顶主龙骨间距不大于 1.2m，端头距墙控制在 300mm 以内。

⑤ 检修洞口的附加主龙骨应独立悬吊固定。

⑥ 主龙骨一般沿房间短向布置安装，主龙骨中间部分应适当起拱。房间面积不大于

$50m^2$ 时起拱高度为房间短向跨度的 $1‰～3‰$，房间面积大于 $50m^2$ 时起拱高度为房间短向跨度的 $3‰～5‰$。

⑦ 主龙骨接长用连接件连接，连接处要增设吊点，接头和吊杆方向要错开。

⑧ 根据现场吊顶的尺寸，严格控制每根主龙骨的标高。随时拉线检查龙骨的平整度，不得有悬挑过长的龙骨。

图 4-12　主龙骨安装

⑨ 主龙骨的排布与空调送风口、灯具、消防烟感应器、喷淋头、检修口、广播喇叭、监测等设备末端的位置须错开，不应切断主龙骨。当必须切断主龙骨时，一定要有加强和补救措施，如增加转换层（图 4-13）、加强龙骨等。

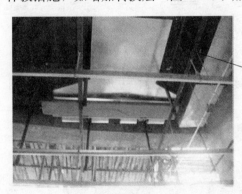

图 4-13　钢架转换层

⑩ 按拉线调整标高和平直、起拱度。

5）副龙骨安装

① 在边龙骨上弹出覆面龙骨的中心线；根据设计龙骨间距，结合面板规格，龙骨的安装间距考虑板缝，板缝宽度一般为 5～8mm。如覆面龙骨间距是 $400mm×600mm$，纸面石膏板规格是 $1200mm×2400mm$，板缝宽度 6mm，次龙骨中到中的间距分别是 400、400、400、400、400、406mm。横撑龙骨中到中的间距分别是 600、606mm。

② 根据弹线的位置，从一端依次安装到另一端。

③ 用连接件将次龙骨与主龙骨固定，相邻固定次龙骨的两个连接件方向相反。

④ 次龙骨长度方向可用连接插件连接，并用螺钉固定。

⑤ 用平面插接件将横撑龙骨安装在次龙骨上，插接件用钳子夹紧。

⑥ 如果有高低跨，常规做法是先安装高跨部分，再安装低跨部分。

⑦ 对于检修孔、上人孔、通风口、灯带、灯箱等部位，在安装龙骨的同时，应将尺寸及位置按设计要求留出，将封边横撑龙骨安装完毕。

⑧ 根据龙骨的标高控制线使龙骨就位，龙骨的安装与调平应同时进行。

⑨ 龙骨安装完成后，检查验收，填写隐蔽验收记录。

6）吊顶造型

复杂吊顶（如回光灯槽等）需要采用木夹板造型，木夹板按照设计选用阻燃型木夹板或普通木夹板，普通木夹板按照设计要求涂刷防火涂料（图 4-14）。

图 4-14　复杂吊顶图

7）设备末端安装

重量不大于 1kg 的筒灯、石英射灯、烟感器等设施可直接安装在轻钢龙骨石膏板吊顶饰面板上；重量小于 3kg 的灯具等设施应安装在龙骨上，并固定可靠；重量超过 3kg 的灯具、吊扇或有震颤的设施应直接吊挂在建筑物承重结构上。

8）隐蔽工程验收

① 吊顶内管道、设备的安装及水管试压。

② 木基层板及木龙骨的防火、防腐。

③ 吊杆的安装。

④ 龙骨的安装。

⑤ 填充材料的设置。

9）纸面石膏板安装

① 纸面石膏板是轻钢龙骨吊顶饰面材料中最常用的饰面板，纸面石膏板分为普通纸面石膏板、耐火纸面石膏板、耐水纸面石膏板、耐火耐水纸面石膏板。常用的厚度有 9.5mm 和 12mm。

② 纸面石膏板安装前在板面弹出龙骨的中心线。

③ 纸面石膏板长边与次龙骨方向垂直。

④ 纸面石膏板安装可使用烤漆或镀锌自攻螺钉与次龙骨、横撑龙骨固定，螺钉与板边的距离：纸包边宜为 10～15mm，切割边宜为 15～20mm，板四周钉距 150～200mm，钉头沉入石膏板内 0.5～1mm。

⑤ 铺设大块纸面石膏板时，应使板的长边（包封边）沿纵向次龙骨，板中间的螺钉间距 150～170mm，螺钉应与板面垂直且埋入板面，并不使纸面损坏。

⑥ 为了防止面板接缝开裂，纸面石膏板之间留 5～8mm 宽的缝隙。

⑦ 安装双层石膏板时，面层板与基层板的接缝应错开，并不在同一个龙骨上接缝。

⑧ 纸面石膏板与龙骨固定，应从一块板的中部向板的四周固定，不能多点同时作业，以免产生内应力，铺设不平。

⑨ 吊顶上的风口、灯具、烟感探头、喷淋洒头等设备末端，可在纸面石膏板就位后安装，也可留出周围石膏板，待上述设备安装后再安装。石膏板面上开孔，应先画出开孔位置。

⑩ 造型部分转角处，纸面石膏板用 L 形，增加强度和整体性，防止变形。

纸面石膏板安装如图 4-15 所示。

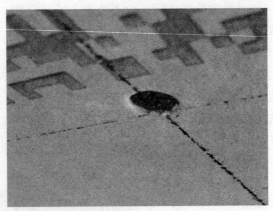

图 4-15 纸面石膏板安装

10）钉眼防锈漆、板缝胶带

① 钉帽刷防锈漆，用石膏腻子抹平。

图 4-16 钉眼防锈漆、板缝胶带

② 石膏板之间的缝隙，用石膏粉（或专用腻子）填缝后，再用防裂胶带贴在表面，防止石膏板的热胀冷缩造成顶面开裂。钉眼防锈漆、板缝胶带如图 4-16 所示。

3. 验收标准

（1）主控项目

1）吊顶标高、尺寸、起拱和造型应符合设计要求。

检验方法：观察，尺量检查。

2）饰面材料的材质、品种、规格、图案和颜色应符合设计要求。

检验方法：观察，检查产品合格证书、性能检测报告、进场验收记录和复验报告。

3）暗龙骨吊顶工程的吊杆、龙骨和饰面材料的安装必须牢固。

检验方法：观察，手扳检查，检查隐

蔽工程验收记录和施工记录。

4）吊杆、龙骨的材质、规格、安装间距及连接方式应符合设计要求。金属吊杆、龙骨应经过表面防腐处理；木吊杆、龙骨应进行防腐、防火处理。

检验方法：观察，尺量检查，检查产品合格证书、性能检测报告、进场验收记录和隐蔽工程验收记录。

5）石膏板的接缝应按其施工工艺标准进行板缝防裂处理。安装双层石膏板时，面层板与基层板的接缝应错开，并不得在同一根龙骨上接缝。

检验方法：观察。

（2）一般项目

1）饰面材料表面应洁净、色泽一致，不得有翘曲、裂缝及缺损。压条应平直、宽窄一致。

检验方法：观察，尺量检查。

2）饰面板上的灯具、烟感器、喷淋头、风口箅子等设备的位置应合理、美观，与饰面板的交接应吻合、严密。

检验方法：观察。

3）金属吊杆、龙骨的接缝应均匀一致，角缝应吻合，表面应平整，无翘曲、锤印。木质吊杆、龙骨应顺直，无劈裂、变形。

检验方法：检查隐蔽工程验收记录和施工记录。

4）吊顶内填充吸声材料的品种和铺设厚度应符合设计要求，并应有防散落措施。

检验方法：检查隐蔽工程验收记录和施工记录。

5）暗龙骨吊顶工程安装的允许偏差和检验方法应符合表 4-1 的规定。

暗龙骨吊顶工程纸面石膏板安装的允许偏差和检验方法（mm）　　　　　　　表 4-1

项次	项目	允许偏差（mm）	检验方法
1	表面平整度	3	用 2m 靠尺和塞尺检查
2	接缝直线度	3	拉 5m 线，不足 5m 拉通线，用钢直尺检查
3	接缝高低差	1	用钢直尺和塞尺检查

4. 质量通病预防（表 4-2）

常见轻钢龙骨纸面石膏板吊顶质量通病及预防措施　　　　　　　表 4-2

序号	质量通病	通病图片	预防措施
1	轻钢龙骨吊顶基层转角处未采取硬连接，影响吊顶牢固性与稳定性，留下面层开裂隐患		（1）副龙安装完成后在转角处裁割 L 形 0.5mm 镀锌铁皮加固（图 4-17）。 （2）转角上口增加 50 副龙骨斜撑（图 4-18）。 （3）大面积龙骨安装完成后应放置一段时间待应力完全释放后再进行封板。 （4）吊顶隐蔽工程应在封板前全部完成，减少封板后上顶施工

135

序号	质量通病	通病图片	预防措施
1	轻钢龙骨吊顶基层转角处未采取硬连接,影响吊顶牢固性与稳定性,留下面层开裂隐患		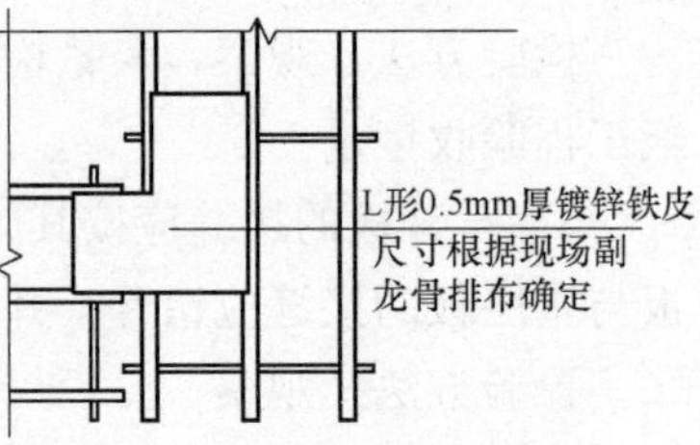 L形0.5mm厚镀锌铁皮尺寸根据现场副龙骨排布确定 图 4-17 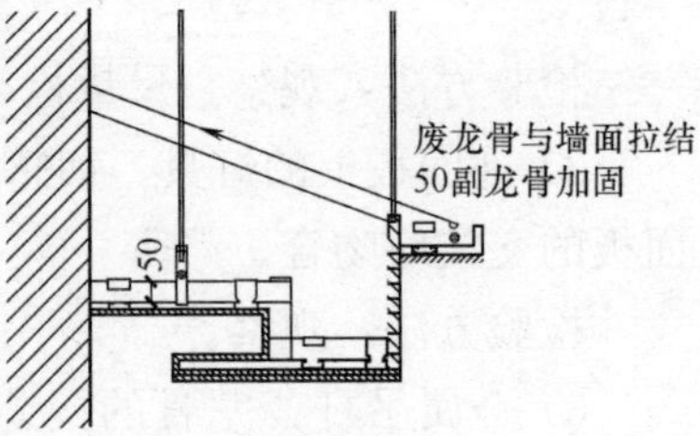 废龙骨与墙面拉结50副龙骨加固 图 4-18
2	轻钢龙骨石膏板吊顶的主龙骨、主龙大吊以及副龙挂钩未正反安装		(1)轻钢龙骨吊顶主龙骨、大吊及副龙挂钩都必须正反安装。同时注意大吊穿心螺丝必须拧紧,主、副龙骨的卡件必须卡紧(图 4-19)。 (2)在防火卷帘、检修口边缘,副龙挂钩与主龙可考虑采用铆钉加固连接,或者采用主龙两侧同时安装副龙挂钩,增加主、副龙骨连接稳定性 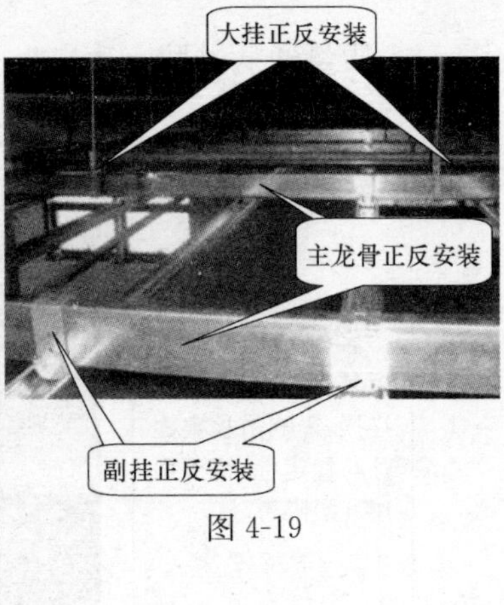 大挂正反安装 主龙骨正反安装 副挂正反安装 图 4-19

序号	质量通病	通病图片	预防措施
3	吊顶主龙骨接头处没有锚固或锚固方式不对,容易松脱,影响吊顶龙骨强度和吊顶平整度	 图 4-20	(1)主龙骨的接头须进行锚固处理,用专用接长件连接(或主龙骨交错搭接150mm,或采用零星龙骨边角料连接),注意主龙连接件两边各用两个铆钉固定,防止锚固不牢引起吊顶质量问题。主龙骨端头 300mm 处增加吊筋(图4-20)。 (2)大面积轻钢龙骨吊顶施工前,应对主龙骨进行预排,相邻两排主龙接头应错开 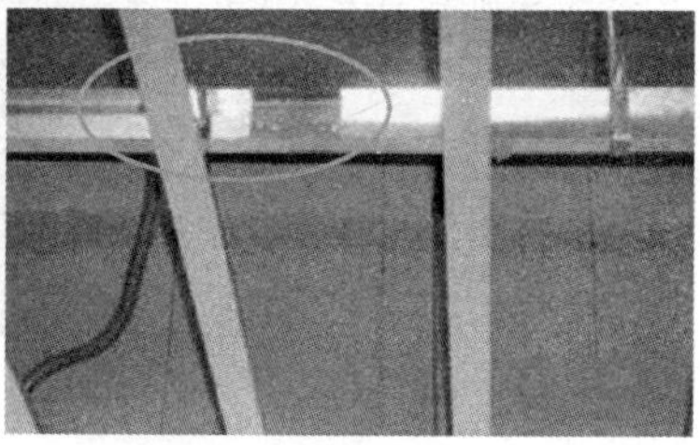
4	石膏板吊顶副龙骨与垂直方向龙骨连接错误		(1)吊顶应避免使用木龙骨。边龙骨采用 U 形边龙骨或铝角条,连接处用螺钉或铆钉固定(图4-21)。 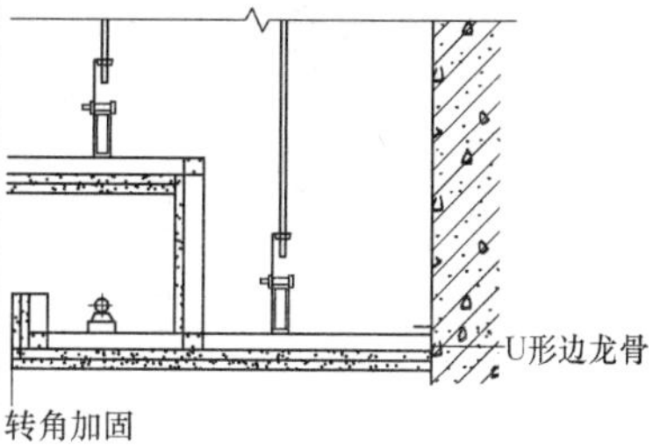 图 4-21 (2)龙骨端头作八字角固定,八字角固定时螺丝最好在两侧,不在底面,以免影响封板的平整度(图4-22)。 (3)吊顶造型或灯槽等垂直方向基层板优先采用龙骨或方管,满足防火等级要求  图 4-22

序号	质量通病	通病图片	预防措施
5	吊顶检修口四周未加固，且未增加吊杆。检修口附近易开裂，后期检修时会破坏吊顶	图 4-23	（1）前期图纸深化时，应综合考虑空调、消防等配套单位顶面检修的要求，合理设置检修口的位置。 （2）在检修孔四周用轻钢龙骨或型钢龙骨加固，并在四个角上增加丝杆吊筋或型钢吊杆（图 4-23）。 （3）在副龙骨下方安装 0.5mm 厚，宽度不小于 300mm 的回字形白铁皮 
6	顶面石膏板大面积不平整，波浪比较明显		（1）主龙骨平行于空间长边方向排布，并按长边距离的 1/200～1/300 起拱。 （2）安装石膏板的自攻螺丝与板边或板端的距离不小于 10mm，不大于 16mm，从板中间向边缘依次安装自攻螺丝。板中间螺丝的间距不大于 200mm。铺设大块板材，使板的长边平行于副龙骨方向，以便螺丝排列。 （3）吊顶装饰板安装完毕后，不随意剔凿，不随便上人，如果需要安装设备，采用电钻打眼，不开大洞。如必须上人，随带长板铺设于主龙骨上。 （4）吊顶内的水管、气管、电管，在未封板之前完工并验收完毕。不将吊杆安装在吊顶内的通风、水管等管道上，防止损坏管道及发生共振。 （5）吊顶每 100m² 或每 15m 设置伸缩缝，两侧主、副龙骨需断开并加一根横卧主龙骨

序号	质量通病	通病图片	预防措施
7	吊顶主龙骨接头处,没有锚固或锚固方式不对,容易松脱,影响吊顶龙骨强度和吊顶平整度		(1)主龙骨的接头必须进行锚固处理,用专用接长件连接(或主龙骨交错搭接150mm,或采用零星龙骨边角料进行连接),主龙连接件两边各用两个铆钉固定,防止锚固不牢引起吊顶质量问题。主龙骨端头300mm处增加吊筋(图4-24)。 (2)大面积轻钢龙骨吊顶施工前,应对主龙骨进行预排,相邻两排主龙骨接头应错开 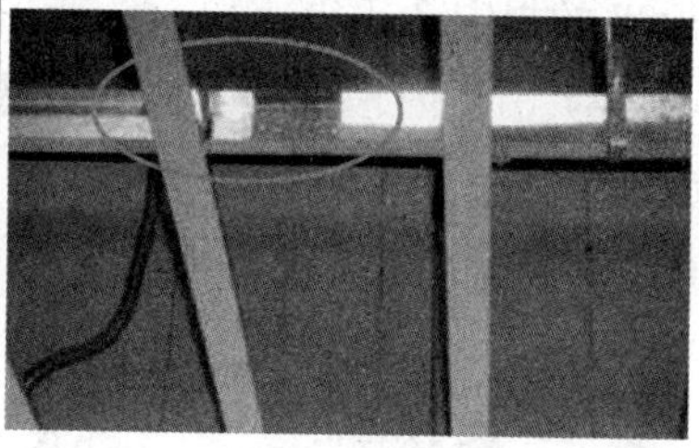 图 4-24
8	花饰石膏线接缝处无加固措施,易开裂,影响质量	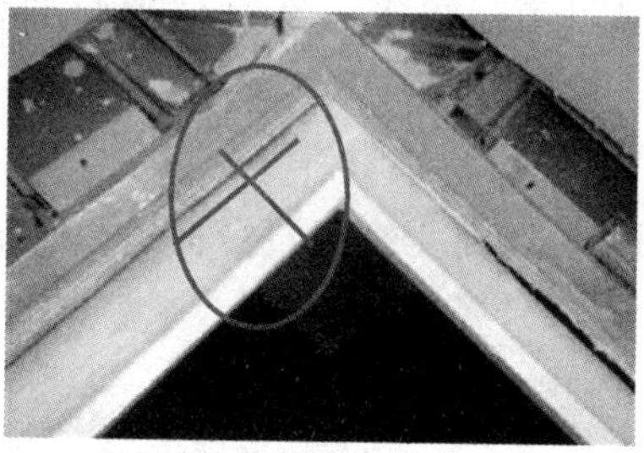	石膏线接缝处留缝宽度 3～5mm,满批粘结石膏后再安装固定,端头螺丝固定距离不大于 200mm,螺丝深入表面 2～3mm,接缝处背面采用石膏拌纤维丝拉结,单侧拉结长度不小于 200mm(图4-25) 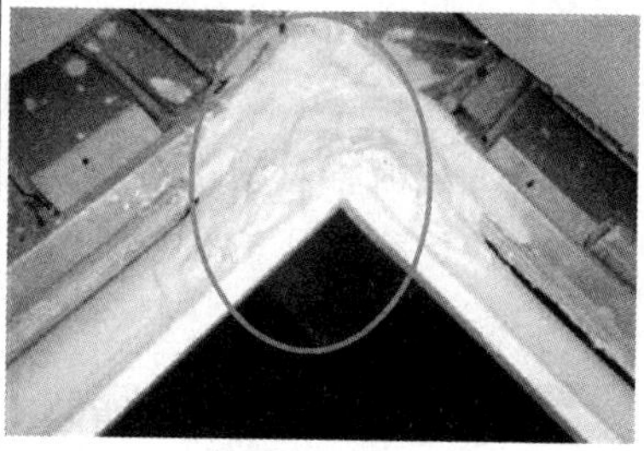 图 4-25

项目 4.2　矿棉板吊顶施工实训

矿棉板吊顶是以轻钢龙骨、铝合金龙骨为骨架,以矿棉板作为罩面材料组成的吊顶系统,可达到吸声、隔热、保温、防火等功能和美化室内环境的效果。根据设计要求选用的龙骨及配件分为上人和不上人两种。

任务　铝合金 T 型龙骨矿棉板吊顶

[实训要求]

熟悉铝合金 T 型龙骨矿棉板吊顶的基本构造知识。

掌握施工机具的操作使用。

掌握铝合金 T 型龙骨矿棉板吊顶的工艺流程及施工要点。

1. 前期准备

（1）图纸及施工文件准备

详见项目 4.1 石膏板吊顶施工实训的轻钢龙骨纸面石膏板吊顶的 1. 前期准备。

（2）材料准备

1）材料应有产品合格证书、性能检测报告、进场验收记录等。

2）所有轻钢龙骨的规格、厚度及其配件应符合《建筑用轻钢龙骨》GB/T 11981—2008 的规定，不得有扭曲、变形等。

3）吊顶内填充的隔声、隔热材料的品种和铺设厚度应符合设计要求，并应有防散落措施。

4）铝合金 T 型龙骨矿棉板吊顶所需要材料：38 主龙骨、T 型主龙骨、副龙骨及修边角、600×600 矿棉板、38 主龙骨吊件、T 型主龙骨吊件、全套丝杆吊筋、组装膨胀螺栓。

（3）现场准备

1）龙骨安装前，应按照设计要求对房间净高、洞口标高和吊顶内管道、设备及其支架的标高进行交接检验，办理相关手续。

2）检查设备管道安装完成情况，如有交叉作业，应合理安排施工。

3）水平基准线，如 0.5m 线或 1.0m 线等，经过仪器复验，其误差应在允许误差以内。

（4）施工机具准备

详见 4.1 石膏板吊顶施工实训的轻钢龙骨纸面石膏板吊顶的 1. 前期准备。

2. 工艺流程及施工要点

（1）工艺流程（图 4-26）

弹线 ──→ 主龙骨安装 ──→ 副龙骨安装 ──→ 隐蔽工程验收 ──→ 矿棉板安装

图 4-26 铝合金 T 型龙骨矿棉板吊顶施工工艺流程

（2）施工要点

轻钢龙骨矿棉板安装构造如图 4-27 所示。

1）弹线

同项目 4.1 石膏板吊顶施工实训的轻钢龙骨纸面石膏板吊顶的 2. 工艺流程及施工要点。

2）主龙骨安装

同项目 4.1 石膏板吊顶施工实训的轻钢龙骨纸面石膏板吊顶的 2. 工艺流程及施工要点。

3）副龙骨安装

① 铝合金（烤漆）边龙骨沿标高水平线固定于墙面。

② 铝合金（烤漆）主向龙骨按照框架尺寸用连接件与主龙骨固定。

③ 铝合金（烤漆）横撑龙骨接插于主龙骨的插口里，铝合金的接缝应平整吻合。

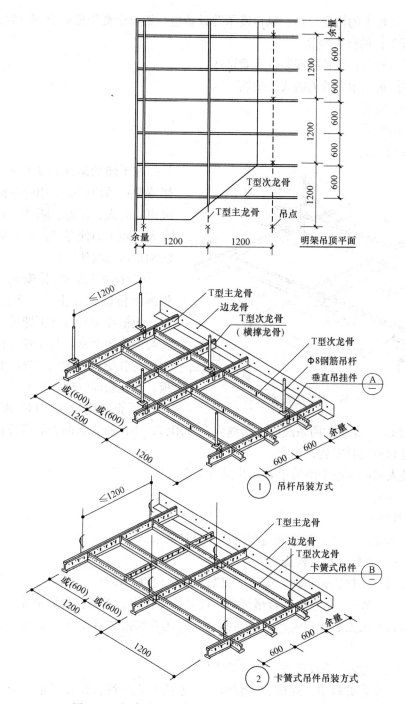

图 4-27 铝合金 T 型龙骨矿棉板吊顶示意图（mm）

④ 铝合金（烤漆）龙骨的安装与调平应同时进行，调平龙骨时应考虑吊顶中间部分起拱，房间面积不大于 50m² 时起拱高度为房间短向跨度的 1‰～3‰，房间面积大于 50m² 时起拱高度为房间短向跨度的 3‰～5‰。

⑤ 铝合金（烤漆）龙骨的框架布置模数一般为 600mm×600mm，饰面板尺寸与之协调统一。根据设计框架也可布置成 600mm×1200mm，饰面板材料与之相配。

⑥ 吊顶面板上的格栅灯具、风口篦子等设备应与铝合金框架模数协调一致。

4）隐蔽工程的检查验收

① 吊顶内管道、设备的安装及水管试压。

② 木基层板及木龙骨的防火、防腐。

③ 吊杆的安装。

④ 龙骨的安装。

5）矿棉板安装

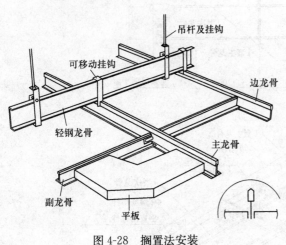

图 4-28　搁置法安装

在干燥的地区，矿棉板是铝合金、烤漆龙骨吊顶中最常用的饰面板，具有吸声、防火、保温、隔热、轻质、美观大方、施工简便等特点，一般采用搁置法和企口暗缝法安装。

① 搁置法：龙骨安装调平以后，将饰面板搁置在主、次龙骨组成的框内，板搭在龙骨的肢上即可。饰面板的安装应稳固严密，与龙骨的搭接宽度应大于龙骨受力宽度的 2/3，上部设置压板，防止松动（图 4-28）。

② 企口暗缝法：将矿棉板加工成企口暗缝的形式，龙骨的两条肢插入暗缝内，不用钉，不用胶，靠两条肢将板托住。

③ 龙骨和板同时安装。

④ 安装人员必须戴干净的手套，并保持手套清洁。

3. 验收标准

（1）主控项目

1）吊顶标高、尺寸、起拱和造型应符合设计要求。

检验方法：观察，尺量检查。

2）饰面材料的材质、品种、规格、图案和颜色应符合设计要求。

检验方法：观察，检查产品合格证书、性能检测报告、进场验收记录等。

3）饰面材料的安装应稳固严密。饰面材料与龙骨的搭接宽度应大于龙骨受力面宽度的 2/3。

检验方法：观察，手扳检查，尺量检查。

4）吊杆、龙骨的材质、规格、安装间距及连接方式应符合设计要求。金属吊杆、龙骨应经过表面防腐处理；木吊杆、龙骨应进行防腐、防火处理。

检验方法：观察，尺量检查，检查产品合格证书、性能检测报告、进场验收记录和隐蔽工程验收记录。

5）明龙骨吊顶工程的吊杆和龙骨安装必须牢固。

检验方法：手扳检查，检查隐蔽工程验收记录和施工记录。

（2）一般项目

1）饰面材料表面应洁净、色泽一致，不得有翘曲、裂缝及缺损。压条应平直、宽窄一致。

检验方法：观察，尺量检查。

2）饰面板上的灯具、烟感器、喷淋头、风口箅子等设备的位置应合理、美观，与饰面板的交接应吻合、严密。

检验方法：观察。

3）金属龙骨的接缝应平整、吻合、颜色一致，不得有划伤、擦伤等表面缺陷。木质龙骨应平整、顺直，无劈裂。

检验方法：观察。

4）吊顶内填充吸声材料的品种和铺设厚度应符合设计要求，并应有防散落措施。

检验方法：检查隐蔽工程验收记录和施工记录。

5）铝合金 T 型龙骨矿棉板吊顶工程安装的允许偏差和检验方法应符合表 4-3 的规定。

铝合金 T 型龙骨矿棉板吊顶工程安装的允许偏差和检验方法　　　表 4-3

项次	项目	允许偏差（mm）				检验方法
		石膏板	金属板	矿棉板	塑料板、玻璃板	
1	表面平整度	3	2	3	3	用2m靠尺和塞尺检查
2	接缝直线度	3	2	3	3	拉5m线，不足5m拉通线，用钢直尺检查
3	接缝高低差	1	1	2	1	用钢直尺和塞尺检查

4. 质量通病预防（表 4-4）

常见铝合金 T 型龙骨矿棉板吊顶的质量通病及预防措施　　　表 4-4

序号	质量通病	主要原因	预防措施
1	吊顶下垂	主龙骨安装未起拱	安装时按要求起拱
2	主龙骨、次龙骨纵横方向线条不平直	（1）主龙骨、次龙骨受扭折，虽经修整，仍不平直。（2）未拉通线全面调整主龙骨、次龙骨的平整度，检查验收把关不严。（3）吊顶的水平线有误差	（1）做好材料保护，防止损坏。（2）在施工过程中严格把关，加强检查验收
3	面层材料污染	（1）安装时候没有戴手套。（2）饰面板材料保管不善	（1）加强材料保护。（2）施工过程中戴手套，并保持手套的清洁，不致污染板面

项目 4.3　金属吊顶施工实训

金属吊顶是采用铝或铝合金基材、钢板基材、不锈钢基材、铜基材等金属材料经机械加工成形，而后在其表面进行保护性和装饰性处理的吊顶装饰工程系列产品。

金属吊顶不但可以装饰室内空间，满足艺术审美的需求，还可以改善室内环境，满足使用需求。该材料具有质轻、强度高、耐高温、耐腐蚀、防火、防潮、吸声、隔声、耐久等特点，是酒店、家庭厨房、卫生间以及商务、办公等空间卫生间常用的吊顶饰面材料，也是机场、商场等大型公共空间的常用材料。同时，吊顶内也是安装水、电、风、暖、通信、防火、智能等设备和管线的隐蔽层。

金属吊顶种类繁多，常见的有金属格栅吊顶、金属方板吊顶、金属筒形或垂片吊顶、金属吸声板吊顶、金属网吊顶等。

本项目包括集成吊顶安装、格栅吊顶安装施工实训。

任务 4.3.1　集成吊顶安装

[实训要求]

熟悉集成吊顶的基本构造知识。

掌握集成吊顶安装机具的操作使用。

掌握集成吊顶安装的步骤与技巧。

1. 前期准备

（1）图纸及施工文件准备

1）仔细听取项目施工技术负责人（或设计师）所做的图纸及技术交底，对已批准的设计图纸及深化图纸进行研读，检查图纸的完整性、合理性，熟悉产品的性能和要求。对深化图纸进行现场复核，发现问题及时反馈给深化设计人员。

2）了解设计和深化图纸应包含的内容：材料的品种、规格、颜色和性能，预埋件和连接件的数量、规格、位置、防腐、防锈处理以及环保要求，集成吊顶的生产加工要求、安装顺序及收口收头方式等。

3）安装施工前熟悉施工方案并已接受施工交底，熟悉施工中需要注意的事项，包括技术要点、质量要求、安全文明施工、成品保护等。

（2）材料准备

1）安装前吊顶主要材料已报验合格。

2）吊顶主要材料的外观质量、尺寸偏差符合设计要求和相关国家标准的规定。

3）产品的部件、五金配件、辅料等应对照图纸和有关质量标准进行检查，确认有无缺失、损坏和质量缺陷等，外露的五金配件外观应与设计提供的样板进行比对，不合格的产品不得进行安装。

（3）现场准备

1）水平基准线，如0.5m线或1.0m线等，经过仪器复验，其误差应在允许误差以内。

2）吊顶的标高及吊顶内的管道、设备及其支架的末端标高已确定。

3）安装前，吊顶内的管道、设备的安装及管道的试水试压应完成验收并合格。

4）墙、柱面装饰基本完成，经验收合格。石材、瓷砖等饰面砖（板）的墙、地面应在完工后，不影响前道工序质量时，再进行吊顶施工。墙面涂料施工可在最后一遍面漆未施工前进行吊顶安装。

5）检查楼板、梁、设备管道等能否满足集成吊顶基层的安装要求，否则提出吊顶基层处理的意见或建议。

6）施工现场具备临时用电条件。

（4）机具准备

1）电（气）动工具：冲击钻、电动螺丝刀、电动砂轮机、小型型材切割机、射钉枪、手持式低压防爆灯、红外线激光投射仪等。

2）手动工具：水准仪、铁钳、扳手、锤、钢直尺、钢卷尺、直角尺、2m 靠尺、墨线、剪刀、锉刀、吊顶专用吸盘等。

3）耗材：手套、麻花钻头、金属锯片、塑料膨胀管、自攻螺钉、金属丝、美工刀、铅笔、美纹纸、中性硅酮胶、白线等。

2. 工艺流程及施工要点

（1）工艺流程（图 4-29）

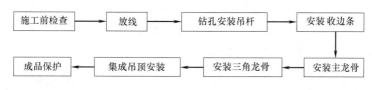

图 4-29　集成吊顶安装工艺流程

（2）施工要点

1）施工前检查

检查水平基准 1m 线是否已按要求标记好，误差在允许误差以内（图 4-30）；基层、面层牢固符合安装要求，吊顶内基层蜂窝、露筋等缺陷处已处理；墙面分项工程的进度符合安装要求。水电、设备及其管线的敷设已完成，水管已完成试水试压，且全部隐蔽验收合格。按房间的净高对基层标高、洞口标高，吊顶内管道、设备及其支架的标高进行交接检查。设计图纸符合规定，无缺漏，并与现场核对无误。材料的产品合格证书、性能检测报告、进场验收记录、复检报告等检查无误。

图 4-30　墙、柱 1m 水平线检查

图 4-31　断面较大风管增加横担

2）放线

根据统一测定的水平基准 1m 线，使用水准仪或红外线激光仪等进行引测，将吊顶完成面线弹于墙面上并做好标记。根据统一测定的轴线控制线，按照扣板的分格模数和龙骨间距的设计、规范要求，在地面上弹出分格控制线、龙骨位置线。主龙骨间距不应大于1200mm。根据吊杆的间距要求，在吊顶上标记吊杆固定点位置，吊杆间距 900 ～ 1200mm。放线过程中应注意避让吊顶内设备、管线的位置，吊杆不能与设备、管线等相连接、接触。如果遇到吊顶内设备、管线造成吊杆固定点间距大于要求，应增设吊杆。当遇到断面较大的机电设备或通风管道时，应加设吊挂过桥构件，即在风管或设备两侧用吊杆固定角钢或者槽钢等型钢材料作为横担，跨过梁或者风管设备，再将龙骨吊杆用螺栓固定在横担上形成跨越结构（图 4-31）。嵌入式灯具、电扇、设备末端等要提前进行定位并另加设吊杆，将其位置准确标记在吊顶上，以防后期无法追位。

　　3）钻孔安装吊杆

　　用冲击电钻在标记的吊杆固定点位置上钻孔，孔径大小根据吊杆和膨胀螺栓的大小确定，深度不小于 60mm。吊杆宜采用全丝吊杆，吊杆和膨胀螺栓的表面要进行防腐、防锈处理（图 4-32、图 4-33）。在安装前根据吊顶设计标高计算吊杆加工的长度，可以预先订制。吊杆安装完成后应对牢固度进行检查。

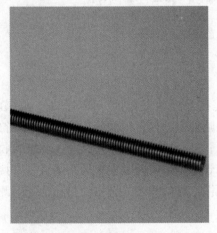

图 4-32　截取吊杆

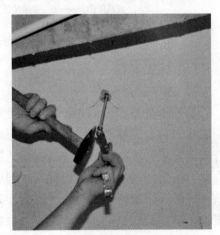

图 4-33　安装吊杆

　　4）安装收边条

　　根据标记好的吊顶完成面线确定收边条的安装位置，收边条下边缘与吊顶完成面平齐。收边条下料时，按照实际长度加 1mm。精裁时，两端用钢锯、剪刀或切割机割成45°。试装收边条时，将对角缝隙控制在最小范围（对角缝隙和错位不能超过 0.2mm，必要时用锉刀调整切割的角度）。按墙面材质不同，选用不同的收边条固定方式。如墙面为混凝土，可以采用射钉直接固定；如果墙面为砌体、抹灰、瓷砖等墙面，可以采用钻孔加塑料膨胀管和粗牙自攻螺钉固定。固定间距不大于 300mm，端头处不大于 50mm。收边条安装过程中要随时检查平面平整度，发现偏差要及时调整（图 4-34）。

　　5）安装主龙骨

　　主龙骨通过主龙骨吊挂件连接到吊杆上，拧紧螺母，螺母应设置垫圈。主龙骨沿房间的长方向安装，对于大面积集成吊顶，50m^2 以下时应考虑按房间跨度的 1‰～3‰ 起拱，50m^2 以上时应考虑按房间跨度的 3‰～5‰ 起拱。主龙骨、主龙骨吊挂件应相邻对向安

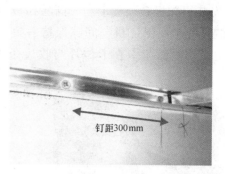

图 4-34　收边条安装

装，相邻主龙骨接缝处要错位。如果选用的主龙骨需要加长，应采用龙骨接长件接长。主龙骨安装完成后，要对主龙骨进行调直，保证主龙骨顺直并平行。主龙骨的高度应按完成面要求通过吊挂件进行调节。灯具和其他设备末端要用独立的吊杆、吊件固定在结构层上，不要直接挂在龙骨上。主龙骨安装过程中要随时检查主龙骨的整体平整度，发现偏差要及时调整（图 4-35）。

图 4-35　主龙骨安装

6）三角龙骨安装

在主龙骨上合理的划分吊件的安装位置。三角龙骨的间距以集成吊顶板材的模数为依据确定。墙边第一条三角龙骨的距离要比该模数大 5mm。根据现场准确裁切三角龙骨的长度。安装时尺寸必须精确，先安装三角龙骨吊件，三角龙骨底面要比收边条高出 3.5～4mm。安装过程中随时检查安装平面平整度，发现问题及时调整（图 4-36、图 4-37）。

7）集成吊顶安装

① 集成吊顶安装前要进行吊顶内隐蔽工程的验收，所有项目验收合格后才能进行安装。

② 根据设计图纸，对灯具、设备末端进行定位。使用配套的电器卡件按定位位置将电器牢固地安装在龙骨上，并拧紧螺母。安装电器后要现场试机，确保电器运转正常后方能进行下一步操作。

③ 安装铝扣板必须戴手套。撕除扣板四边的覆膜。按从中间至周边的顺序进行安装，安装过程中要保证拼缝间隙保持一致，扣板的四个角对齐。收边条上的扣板要先裁掉一边，切割面应卡在卡位片与收边条中间，扣板与收边条应保持平整（图 4-38、图4-39）。

图 4-36　三角龙骨裁切

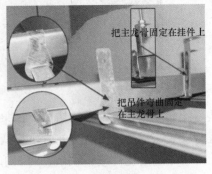

把主龙骨固定在挂件上

把吊件弯曲固定
在主龙骨上

图 4-37　三角龙骨安装

图 4-38　集成吊顶安装

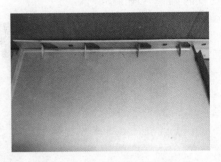

图 4-39　边龙骨处集成吊顶安装

3. 验收标准

（1）主控项目

吊顶的标高、尺寸、起拱和造型符合设计规定。

吊顶的龙骨、吊杆、饰面材料安装牢固。

吊顶的吊杆、龙骨规格、材质、安装间距及连接方式符合设计要求。

（2）一般项目

吊顶表面应洁净、色泽一致，无翘曲、裂缝及缺损。

饰面板上灯具、烟感器、喷淋头、风口篦子等电器设备的位置合理，美观，与饰面板的交接应吻合、严密。

金属吊杆、龙骨的间距应均匀一致。

（3）允许偏差项目（表 4-5）

吊顶安装允许偏差和检验方法　　　　　　　　　　　　　　　　　表 4-5

项目	允许偏差(mm)	检 验 方 法
表面平整度	2	2m靠尺和塞尺
接缝直线度	1.5	拉 5m 线（不足 5m 拉通线），钢直尺检查
接缝高低差	1	钢直尺和塞尺

4. 质量通病预防（表 4-6）

常见集成吊顶质量通病及预防措施 表 4-6

序号	质 量 通 病	通病图片	预 防 措 施
1	主龙骨端头吊点距主龙骨边端大于 300mm		主龙骨吊点靠近端头处距离大于 300mm 时要增加一根吊杆
2	收边条对缝间隙大		（1）边角处采用同一根收边条不断开切割制作。 （2）切割时严格按 45°放线切割
3	主龙骨、主龙骨吊挂件安装错误		相邻主龙骨及其吊挂件要对向安装
4	收边条处扣板翘起		收边条处扣板采取加固措施

序号	质 量 通 病	通病图片	预 防 措 施
5	扣板接缝直线度差	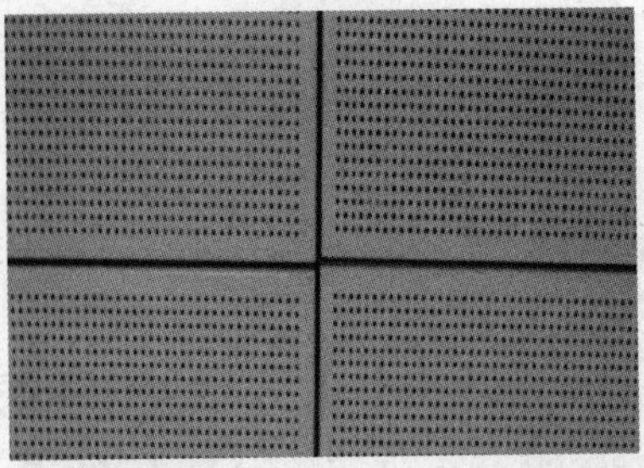	安装时拉通线

5. 成品保护

（1）安装好的成品或半成品不得随意拆动，提前做好水、电、通风、设备等安装作业的隐蔽验收工作。龙骨及集成饰面安装时，应注意保护顶棚内装好的各种管线、设备的吊杆等。

（2）搬、拆架子或人字梯时注意不要碰撞已完成的墙面饰面，架子与人字梯脚应进行包覆，防止划伤、压伤地面。

（3）安装过程中，不可以直接站在主龙骨或扣板上。

（4）安装集成吊顶时，应佩戴干净手套，防止污染饰面。

任务 4.3.2　格栅吊顶安装

[实训要求]

熟悉格栅吊顶的基本构造知识。

掌握格栅吊顶安装机具的操作使用。

掌握格栅吊顶安装的步骤与技巧。

1. 前期准备

（1）图纸及施工文件准备

详见任务 4.3.1 集成吊顶安装的 1. 前期准备的（1）图纸及施工文件准备。

（2）材料准备

详见任务 4.3.1 集成吊顶安装的 1. 前期准备的（2）材料准备，如图 4-40、图 4-41所示。

（3）现场准备

详见任务 4.3.1 集成吊顶安装的 1. 前期准备的（3）现场准备。

（4）机具准备

1）电（气）动工具：冲击钻、手枪钻、电动螺丝刀、电锯、无齿锯、射钉枪、手持式低压防爆灯、红外线激光投射仪等。

2）手动工具：水准仪、铁钳、扳手、锤、钢直尺、钢卷尺、直角尺、2m 靠尺、墨

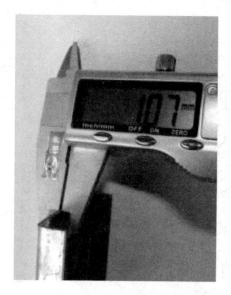

图 4-40 龙骨进场验收

图 4-41 检测报告

线、锉刀、手锯、螺丝刀、水平尺等。

3) 耗材：手套、麻花钻头、金属锯片、塑料膨胀管、自攻螺钉、金属丝、美工刀、铅笔、美纹纸、白线等。

2. 工艺流程及施工要点

(1) 工艺流程及吊装安装图（图 4-42、图 4-43）

(2) 施工要点

1) 放线

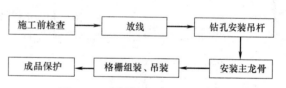

图 4-42 格栅吊顶安装工艺流程

根据统一测定的水平基准 1m 线，使用水准仪或红外线激光仪等进行引测，并将吊顶完成面线弹于墙面上做好标记。根据统一测定的轴线控制线，按照格栅的分格模数和龙骨间距的设计、规范要求，在地面上弹出格栅分格控制线、龙骨位置线。其余要求详见任务 4.3.1 集成吊顶安装的 2. 工艺流程及施工要点的 (2) 施工要点。

2) 钻孔安装吊杆

具体详见任务 4.3.1 集成吊顶安装的 2. 工艺流程及施工要点的 (2) 施工要点。

3) 安装主龙骨

具体详见任务 4.3.1 集成吊顶安装的 2. 工艺流程及施工要点的 (2) 施工要点。

4) 格栅组装、吊装

格栅安装时，应先在清洁、平整的地面上将方格组条组成方格组块（图 4-44）。用专用的弹簧吊扣或 $\phi 2$ 钢丝挂钩将格栅吊装到主龙骨上。格栅安装必须牢固可靠，吊装后要对格栅的平整度进行检验，格栅接头处采用专用接长件插挂连接，以保证整个吊顶的顺直、平整、完整（图 4-45）。组装时要戴干净的手套，注意不要划伤、污染格栅表面。格栅吊装完成后，进行灯具及其他设备末端的安装。灯具、设备末端的安装位置应按设计图纸排布，与饰面板的交接要严密、吻合。

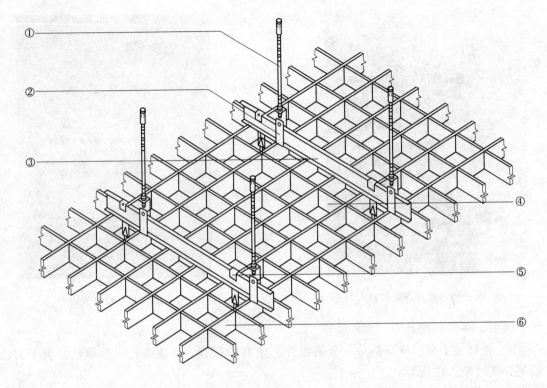

图 4-43 格栅吊顶安装图

①—吊顶；②—主龙骨吊挂件；③—主龙骨；④—下层组条；⑤—弹簧吊扣；⑥—上层组条

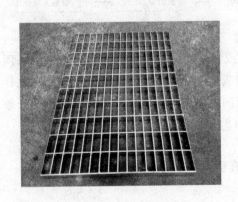

图 4-44 格栅组装

图 4-45 格栅吊装

3. 验收标准

详见任务 4.3.1 集成吊顶安装的 3. 验收标准。

4. 质量通病预防（表 4-7）

5. 成品保护

格栅的自粘保护膜应按照厂家的要求，根据气温，在规定的时间内，必须撕除。

其余详见任务 4.3.1 集成吊顶安装的 5. 成品保护。

常见格栅吊顶质量通病及预防措施　　　　　　　　　　　表 4-7

序号	质 量 通 病	通病图片	预 防 措 施
1	格栅吊顶表面划痕多，观感质量差		安装时戴手套，注意成品保护

注：另外 2 个质量通病及预防措施详见表 4-6 的第 1 项和第 3 项。

附录　2015年全国职业院校技能竞赛木饰面安装试题剖析

一、木饰面安装试题

试题：建筑装饰操作技能竞赛（施工图见附图1）

1. 本题总分值：100分。

2. 考核时间：120分钟。

3. 具体考核任务及要求：按如附图1所示的施工部位、形式、尺寸和要求进行墙面木饰面安装和踢脚线安装施工，操作评分见附表1。

考核任务包括墙面木饰面安装和踢脚线安装。

（1）完成墙面木饰面安装（见附图1）；

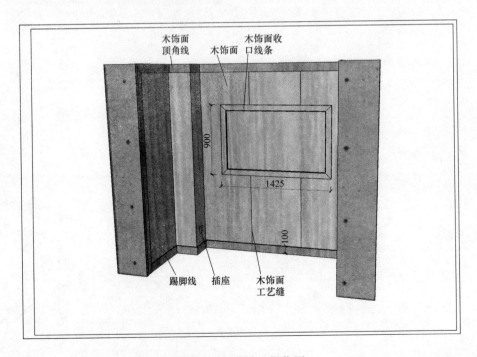

附图1　工位施工操作图

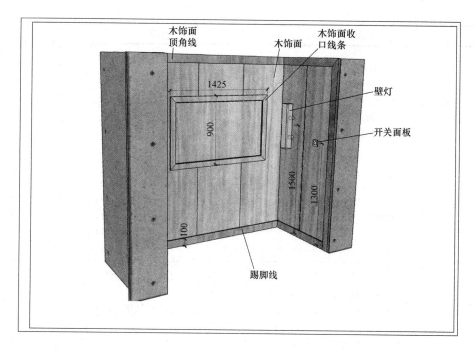

附图1　工位施工操作图（续）

（2）完成踢脚线安装（踢脚线安装以地面完成面为基准）；

（3）按照《建筑装饰装修工程质量验收规范》GB 50210、《建筑地面工程施工质量验收规范》GB 50209 中的有关规定执行。考核施工工艺操作的规范性、施工质量的优良性，考察职业素养和团队合作精神。

4. 考核形式：实操，两人共同完成规定的技能操作任务。

5. 注意事项

（1）工作内容见图纸，分墙面木饰面安装和踢脚线安装两部分，分别评分；

（2）考生按照操作规程施工；

（3）正确使用和佩带劳保用品，安全文明操作；

（4）为体现公平公正，竞赛规定以外的自带工具不得带入比赛现场。

建筑装饰技能操作评分表　　　　　　　　　　　　　　　　附表1

序号	考核内容	要求/允许误差	配分	评分标准	记录	得分	备注
1. 木饰面安装	图纸研读	检看图纸，确定木饰面安装顺序、编号，对图纸标注不足提出改进意见	3	1. 未研读图纸扣1分； 2. 未排定安装顺序，并编号扣1分； 3. 未对图纸提出改进意见扣1分			过程考核
	材料检查	木饰面与原色板比对；检查木饰面边线直线度、边角直角度、平整度等符合要求；	2	1. 未比对色板扣0.5分； 2. 未检查木饰面形位公差、尺寸公差，排除缺陷扣0.5分；			过程考核

续表

序号	考核内容	要求/允许误差	配分	评分标准	记录	得分	备注
1. 木饰面安装	材料检查	防火涂料、木制品有害物质释放量检测资料等符合要求； 木制品"三防"材料种类、质量符合要求	2	3. 未检查防火涂料、木制品有害物质释放量检测资料是否符合要求扣0.5分； 4. 未检查木制品"三防"材料种类、质量是否符合要求扣0.5分			过程考核
	基层检查	检查基准线、平整度、垂直度、含水率等	3	1. 未检查基准线扣1分； 2. 未进行平整度检查扣0.5分； 3. 未进行垂直度检查扣0.5分； 4. 未进行含水率检查扣0.5分； 5. 未进行基层牢固度检查扣0.5分			过程考核 实测验收
	机具、耗材准备	机具、耗材种类、数量、性能、安全检查	2	1. 未清点机具、耗材种类及数量扣1分； 2. 未对机具进行性能、安全检查扣1分			过程考核
	放线	按照图纸、现场条件、规范要求放线准确，符合要求	3	1. 没有施工放线不得分； 2. 放线不正确扣2分； 3. 相关仪器使用不正确扣1分			过程考核 实测验收
	龙骨预排版	龙骨尺寸分格、弹线、复查	4	1. 未对龙骨进行分格排版扣1分； 2. 弹线中操作不合理扣1分； 3. 未在转角处增设龙骨扣1分； 4. 未进行复查扣1分			过程考核 实测验收
	木龙骨、木楔、木挂条等的"三防"处理	按要求进行"三防"处理	2	1. 未对木龙骨、木楔、木挂条等做"三防"处理扣1分； 2. 处理方法不符合要求扣1分			过程考核
	墙面钻孔	处理得当	2	1. 未按要求选用合适的工具扣1分； 2. 操作中未正确操作工具扣1分			过程考核 实测验收
	植入木楔	处理得当	3	1. 未选用合适的木楔扣1分； 2. 植入木楔过程操作不正确扣0.5分； 3. 植入木楔不牢固扣1分； 4. 未复查点位、牢固度扣0.5分			过程考核 实测验收

序号	考核内容	要求/允许误差	配分	评分标准	记录	得分	备注
1. 木饰面安装	木龙骨安装	木龙骨按照合适尺寸开榫槽、地面组装成木骨架、木骨架上墙安装符合要求	6	1. 木龙骨尺寸加工错误扣0.5分; 2. 木龙骨未开榫槽扣1分; 3. 未在地面进行组装扣1分; 4. 上墙安装操作错误扣1分; 5. 如操作步骤有误扣1分; 6. 龙骨安装不牢固扣1分; 7. 未进行复查扣0.5分			过程考核实测验收
	基层板安装	基层板安装前分格弹线,背面沿板长向每间隔100mm宽开1/2板厚的卸力槽,安装牢固,钉距符合要求	6	1. 基层板安装前未按龙骨位置弹线扣1分; 2. 未开卸力槽扣1分; 3. 基层板安装不牢固、钉距不符合要求扣1分; 4. 基层板间未留缝3mm,留缝不在龙骨处扣1分; 5. 基层板安装平整度、垂直度等不符合要求,每发现1处扣0.5分,此项6分扣完为止; 6. 安装过程中未随时检查扣1分			过程考核
	木饰面挂装	基层板安装挂条,固定牢固,沿龙骨位置固定。木饰面上挂条应弹线确定位置,先预装再固定	10	1. 木挂条尺寸加工错误扣1分; 2. 基层板上安装挂条未沿龙骨位置固定扣1分; 3. 挂条安装不牢固,钉距不符合要求扣1分; 4. 木饰面背面安装挂条未弹线扣1分; 5. 木饰面背面安装挂条未先预装再固定扣1分; 6. 木饰面背面安装挂条未刷白乳胶扣1分; 7. 未正确安装插条扣1分; 8. 安装步骤、方法错误扣2分; 9. 安装过程中未随时检查扣1分			过程考核实测验收
	收口线条安装	挂条安装、收口线条裁切、涂胶安装	2	1. 未安装挂条或安装不正确扣0.5分; 2. 未正确裁切、安装收口线条扣0.5分; 3. 收口线条拼角处理不合理扣0.5分; 4. 收口线条外完成线与墙顶面完成面线误差不符合要求扣0.5分			过程考核实测验收

157

续表

序号	考核内容	要求/允许误差	配分	评分标准	记录	得分	备注
1. 木饰面安装	成品保护	木饰面表面采用专用保护薄膜保护,边角处用护角条保护	4	1. 木饰面未清洁扣1分; 2. 未在木饰面表面贴薄膜保护扣1分; 3. 边角处未用护角条保护扣1分; 4. 薄膜、护角板未用美纹纸牢固粘贴扣1分			过程考核
	平整度、垂直度质量检查	观感质量检查	4	1. 平整度检查,≤1mm,每发现1处扣0.5分,此项4分扣完为止; 2. 垂直度检查,≤1mm,每发现1处扣0.5分,此项4分扣完为止			过程考核实测验收
	接缝质量检查	接缝直线度、接缝宽度、接缝高低差检查	4	1. 接缝直线度检查,≤1mm,每发现1处扣0.5分,最高扣2分; 2. 接缝宽度检查,≤1mm,每发现1处扣0.5分,最高扣2分; 3. 接缝高低差检查,≤1mm,每发现1处扣0.5分,最高扣2分			过程考核实测验收
	阴阳角质量检查	阴阳角顺直、方正,阴角工艺槽、接缝无露底现象	4	1. 阴阳角顺直、方正,≤1.5mm,每发现1处扣0.5分,共计2分,扣完为止; 2. 阴角处工艺槽、接缝无露底现象,每发现1处扣0.5分,共计2分,扣完为止			过程考核实测验收
	木饰面表面观感质量检查	木饰面表面无划痕、缺损、崩角、透钉等现象	6	1. 木饰面表面无安装原因造成的划痕,每发现1处扣0.5分,此项6分扣完为止; 2. 木饰面表面无安装原因造成的缺损,每发现1处扣0.5分,此项6分扣完为止; 3. 木饰面表面无安装原因造成的崩角,每发现1处扣0.5分,此项6分扣完为止; 4. 木饰面表面无安装原因造成的透钉,每发现1处扣0.5分,此项6分扣完为止			过程考核实测验收
2. 踢脚线安装	挂条安装	裁切、固定挂条	3	1. 未正确裁切挂条扣1分; 2. 挂条固定错误扣1分; 3. 挂条安装不牢固扣1分			过程考核

序号	考核内容	要求/允许误差	配分	评分标准	记录	得分	备注
2. 踢脚线安装	踢脚线安装	裁切、安装踢脚线	6	1. 未正确裁切踢脚线扣1分； 2. 未预留地面铺装厚度扣1分； 3. 阴阳角处理不合理扣1分； 4. 与线条收口高低差不合理扣1分； 5. 踢脚线安装不牢固扣1分； 6. 安装过程中未随时检查扣1分			过程考核
	直线度、出墙厚度	踢脚线上口直线度、出墙厚度检查	4	1. 上口直线度检查，≤3mm，每发现1处扣0.5分，最高扣2分； 2. 出墙厚度一致，与木饰面间缝隙检查，≤1mm，每发现1处扣0.5分，最高扣2分			过程考核实测验收
	接缝质量	接缝高低差、接缝宽度检查	4	1. 踢脚线拼接方式错误扣1分； 2. 接缝位置不合理扣1分； 3. 接缝高低差、接缝宽度，≤1mm，每发现1处扣0.5分，最高扣2分			过程考核实测验收
	成品保护	注意已安装木饰面的保护，安装完成后进行清洁、保护	3	1. 未保护已完成的木饰面扣1分； 2. 损坏已完成木饰面扣1分； 3. 安装完成后未清洁踢脚线扣1分			过程考核
3	职业素养	正确使用和佩戴劳保用品，安全文明操作	3	1. 不正确扣2分； 2. 发现不安全因素扣1分			过程考核
		施工工具正确，安全使用，不随意摆放，保持材料干净整洁不受污染	2	1. 材料随意摆放扣1分； 2. 机具施工不正确扣1分			过程考核
		材料用量合理	3	人为造成材料浪费不得分			过程考核
		施工后现场清理干净，摆放整齐	2	1. 完工后场地不清扫扣1分； 2. 材料摆放不整齐扣1分			过程考核
4	加分	提前完成		提前完成，现场监考确认签字，每提前5分钟加1分，最高加5分			过程考核
合 计			100分				

评卷人签字：

二、试题剖析

任务1 木饰面安装

木饰面安装任务的主要内容有：安装准备、放线排版、基层施工、木饰面安装、收口线条安装、质量检查、成品保护等。

1. 安装准备

（1）图纸研读。安装前，首先应进行图纸的研读和审核。检看图纸的目的主要是明确安装位置、尺寸、规格，基层处理方式，安装顺序、安装方式、技术要求等内容。结合施工技术交底的相关内容，选择正确的安装方法。安装位置的确定主要是依靠图纸的轴号、索引位置图确定。根据平面、立面图纸，确定木饰面的宽度、高度、分割缝位置等具体尺寸，如有造型、线条等情况时，还应通过节点图纸确定造型的尺寸、规格。木饰面安装图纸上，每一块木饰面都有相应的编号，这些编号与木饰面产品上的编号一一对应。木饰面是成品加工材料，编号是深化设计人员按现场实际情况预定的安装顺序，应按照编号依次进行安装。另一个重要检查点是通过图纸，检查到场的木饰面、辅材等是否齐全。相关图纸上还有木饰面的相应安装方式、技术要求等内容，施工人员根据这些信息，与现场实际情况进行对照，并按既定的施工方案进行安装。

（2）材料检查。图纸审查完毕后，施工人员应对到场的木饰面进行检查，检查其是否满足安装的要求。检查的主要内容有：与原色板比对，到场木饰面在木皮种类、颜色、纹理等方面是否符合设计要求；检查木饰面边线直线度、边角直角度、平整度是否符合产品质量标准要求，木饰面表面是否有污染、裂纹、缺角、翘曲、起皮等表观缺陷；检查木制品产品检测报告，重点是有害物质限量是否符合设计、使用要求；木制品需要进行"三防"处理，应检查到场木饰面是否已进行处理，质量是否符合要求，如附图2、附图3所示。

附图2

附图3

（3）基层检查。施工人员应对现场基层质量进行检查，不满足要求的基层必须进行处理。检查的主要内容有：检查现场是否已经标记了水平基准线、轴线等，并对其进行必要的校核；检查墙面平整度、垂直度是否符合木饰面安装要求；墙面含水率采用含水率测试仪进行检测，如附图 4 所示；手扳检查基层牢固度，如附图 5 所示。

（4）机具准备。木饰面安装常用的工具和耗材包括：电动圆锯、电动线锯机、冲击钻、电动螺丝刀、电动砂轮机、小型型材切割机、手持式修边机、空气压缩机、气动钉枪、手持式低压防爆灯、红外线激光仪、锯、刨、锤、钢直尺、钢卷尺、直角尺、2m 靠尺、墨斗（线）、自攻螺钉、直枪钉、麻花钻头、细齿锯片、批头、美工刀、铅笔、美纹纸、木饰面专用保护膜、护角板等。安装前应对工具的种类、数量、工作状况、安全性进行检查，发现问题立即停止使用。

附图 4

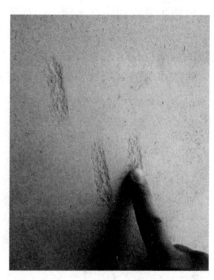

附图 5

2. 放线排版

（1）放线。按照图纸要求，结合现场条件进行放线。通过水平基准线测设、标记吊顶完成面线、地面完成面线、水平分割缝位置线等；通过轴线测设、标记木饰面与其他饰面的分界线、垂直分割缝位置线等。在放线过程中应正确使用放线工具。

（2）龙骨排版。根据测设好的控制线，测量、截取合适长度的龙骨进行分格排版。龙骨分格的水平、垂直间距以 300～400mm 为宜，在转角处不足 400mm 的要加设龙骨。放线时要避开墙面管线、砌块砖墙的砖缝等处。

3. 基层施工

（1）木基层"三防"处理。木质基层包括木楔、木龙骨、木基层板、木挂条等，必须进行防火、防腐、防虫处理。一般采用浸泡、涂刷等方法，防虫也可以采取喷洒、放置等处理方法。防火涂刷时，表面暴露在空气中的部分必须满刷防火涂料，涂刷量每平方米不低于 500g。施工人员涂刷时应佩戴好防护用具，不得接触眼睛、皮肤或误食。"三防"处理完成后，经晾干后方可使用，如附图 6 所示。

（2）墙面钻孔。在龙骨中心线交叉位置用冲击钻钻直径 14～16mm，深 30～50mm 的孔。钻孔时，注意用双手平稳紧握冲击钻的前后两个把手，双脚分开站稳，防止猛烈的左右晃动。进给量不要过大，以轻轻施加压力为宜，如附图 7 所示。

（3）植入木楔。将大于钻头直径 2～5mm，长 50～80mm 经过防腐处理的木楔植入，安装过程中随时用 2m 靠尺或红外线激光仪检查平整度和垂直度，并进行调整，达到质量要求。先将两端的木楔植入作为基准点，挂通线确定木楔的植入深度。木楔植入时不要一次性到位，保持一定的调节量，如附图 8 所示。

（4）木龙骨安装。根据放线的尺寸，在木龙骨表面标记出裁切的位置。画线时，要分清各种线的表示方法。例如下料线应在直线上加圆圈或叉号，截料线应在直线上加双股线，榫顶位置线和榫肩位置线应采用不同的方式标记等。按照画线的位置对龙骨进行裁切。将切好的龙骨在地面进行组装后，立在墙面上。在平整度、垂直度达到要求后，用自攻螺钉将木龙骨固定在木楔上，如附图 9 所示。

（5）基层板安装。在基层板封板前应进行隐蔽验收，保证符合要求后才能封板。在基层板的表面标记出木龙骨的位置线，按标记的位置进行固定。固定点间距应合理、均匀。固定过程中，随时检查平整度、垂直度。

附图 6

附图 7

附图 8

附图 9

4. 木饰面安装

木饰面应依据设计图纸和深化图纸的安装顺序图进行安装。在木饰面的背面按安装位置弹线，将两条挂条中的一条临时固定在木饰面背面，进行试装。调整挂条位置至合适的尺寸后，刷白乳胶（聚醋酸乙烯酯胶），用自攻螺钉固定在木饰面背面板上。自攻螺钉的长度应按照挂条和木饰面的厚度确定，且钉入木饰面的深度不应超过木饰面厚度的2/3。木饰面安装前应对照设计图纸和深化图纸，对安装位置和安装条件进行验收，确认无误后再进行安装。木饰面板安装前应对材料进行验收，保证木饰面无质量缺陷、色差等问题，如附图 10 所示。

安装过程中要执行"三检"制度，发现问题及时调整。木饰面连续安装长度超过 6m 时或遇伸缩缝位置，须设置插条或者预留工艺收口槽。木饰面安装时应参照水平基准线，保证工艺槽的跟通。

附图 10   附图 11

5. 收口线条安装

收口线条应依据设计图纸和深化图纸的安装顺序图进行安装。收口线条可以按现场实际尺寸进行定尺加工，也可以现场裁切。现场裁切时，收口线条接缝处应采取加固措施或斜坡压槎处理，转角处要做接榫或者背后加固处理。用自攻螺钉或白乳胶将小木方牢固的固定在安装面上，试装线条，确认尺寸、位置等合格后，在线条背面的槽口内均匀的薄涂一层白乳胶，将线条紧压在小木方上。保证收口线条与墙面贴紧，缝隙均匀，如附图 11 所示。

6. 质量检查

质量检查主要是指自检环节，包括允许偏差检查和观感检查两个部分。允许偏差检查是采用水平检测尺、垂直检测尺、钢直尺、楔形塞尺等对平整度、垂直度、接缝直线度、接缝宽度、接缝高低差、阴阳角方正度等项目进行检查，允许偏差不能高于相关标准。观感质量主要是检查有无因安装原因造成的划痕、缺损、崩角、透钉、锤印等缺陷。

7. 成品保护

在安装过程中，应注意对已完成的其他成品、半成品进行保护。各种管线、设备等应进行提前保护，避免在安装过程中损坏。完成木饰面安装后，应立即进行成品保护。木饰面表面应采用专用保护膜覆盖进行保护，如附图 12 所示。对于易碰触的面、边、角等处采用护角条、护角板、护角套等加以保护，注意保护高度不应低于 1.5m，如附图 13 所示。

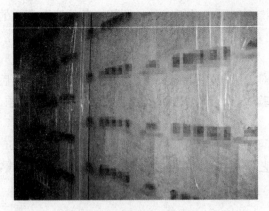

附图 12　　　　　　　　　　　　　　　　　　　　　附图 13

任务 2　踢脚线安装

踢脚线安装任务的主要内容有：挂条安装、踢脚线安装、质量检查、成品保护等。

1. 挂条、踢脚线安装

踢脚线应依据设计图纸和深化图纸的安装顺序图进行安装。本次操作的踢脚线为现场裁切。现场裁切时踢脚线接缝处应做接榫或斜坡压槎处理，90°转角处要做成 45°斜角接槎。将踢脚线挂条牢固的固定在基层板上，进行踢脚线试装。试装无误后在踢脚线挂条插槽内均匀的薄涂一层白乳胶，将踢脚线紧压在挂条上，保证与墙面贴紧，上口平直。

2. 质量检查

踢脚线的质量检查可以参考木饰面安装部分的质量检查，但应注意与踢脚线相关的一些特殊检查项目，如上口直线度检查、出墙厚度检查等。

3. 成品保护

踢脚线的成品保护可以参考木饰面安装部分的成品保护。需要注意的是，通常情况下，木饰面安装完成后再进行踢脚线安装。在踢脚线安装过程中，要注意对已完成木饰面的成品保护，防止在踢脚线安装过程中出现损坏木饰面的情况。

任务 3　职业素养

职业素养阶段需要注意的主要内容有：安全文明施工、合理节约材料、工完料清等。

1. 安全文明施工

安全文明施工包括正确使用和佩戴劳保用品，包括：佩戴安全帽，穿软底鞋，不得穿短裤进入现场，严禁戴手套作业，领口、袖口应扣紧。开机前必须检查机具的润滑油、碳刷是否符合要求，正式运行前，应先进行试机。机具运转过程出现不正常声音或操作异常，应立即切断电源，进行检修。工作中更换刀具、钻头等时，必须切断电源，待机具停止运转后方可更换。裁切木料时，切忌猛烈摆动。如出现跑锯，应先退锯再重新进锯。卡锯时，应立即切断电源。

2. 合理节约材料

裁切木料时，应精确计算、合理下料，留出必要的余量，以供精裁。裁切木料应选择适当尺寸整料，不得长料短用，节约用材。

3. 工完料清

现场工具与材料应合理摆放。使用完的工具应断电集中摆放，裁切剩下的下脚料、锯屑等应及时清理干净。结束操作后，应清理工作台及周围的地面，多余的材料应堆放整齐。散落的铁钉、钻头等金属材料应归类摆放，不得与锯屑一同打包。

参 考 文 献

1. 中华人民共和国国家标准. 建筑工程施工质量验收统一标准 GB 50300—2013 [S]. 北京：中国建筑工业出版社，2014.

2. 中华人民共和国国家标准. 建筑装饰装修工程质量验收规范 GB 50210—2001 [S]. 北京：中国建筑工业出版社，2001.

3. 中华人民共和国国家标准. 建筑地面工程施工质量验收规范 GB 50209—2010 [S]. 北京：中国建筑工业出版社，2010.

4. 中华人民共和国行业标准. 住宅室内防水工程技术规程 JGJ 298—2013 [S]. 北京：中国建筑工业出版社，2013.

5. 中国工程建设标准化协会标准. 建筑室内防水工程技术规程 CECS 196：2006 [S]. 北京：中国计划出版社，2014.

6. 北京市工程建设标准. 厨房、厕浴间防水施工技术规 DBJ 01-105-2006 [S]. 北京：北京城建科技促进会，2006.

7. 江苏省工程建设标准. 江苏省建筑安装工程施工技术操作规程第九分册（装饰工程）DGJ 32/J 35—2006 [S]. 南京：江苏省住房和城乡建设厅，2006.

8. 纪士斌，纪婕，付新建. 建筑装饰装修工程施工（第二版）[M]. 北京：中国建筑工业出版社，2011.

9. 纪婕，薛文平. 装饰装修工程施工 [M]. 北京：高等教育出版社，2015.

10. 王朝熙. 建筑装饰装修施工工艺标准手册 [M]. 北京：中国建筑工业出版社，2004.